JN131439

AI
実装検定
公式テキスト

佐々木 淳【著】
AI実装検定実行委員会【監修】

A級

IMPLEMENT EXAM
AI 実装検定

大学教育出版

はしがきにかえて
—— No AI, no life ——

　AI という用語を日常的に耳にするようになって長い月日が経ちました。

　自動お掃除ロボットからスマートフォンの音声アシスタントや SNS に至るまで、私たちは知らぬ間に AI の恩恵を受けています。AI なしでは、日常生活の快適性を維持できない…現代はすでに、そんな状況になっています。もう後戻りはできないのです。AI は日々進化しています。

　この状況は裏を返すと、今後も快適で便利な未来を享受するには、AI に関する知識やスキルを持つことが、必須な環境になりつつあるということです。

　そして、そんな AI を学ぶきっかけとして最も適しているのが「AI 実装検定」の受検といえるのではないでしょうか。

　本検定は『AI を 100 万人が学ぶこと』を設立意義としています。検定のシラバスを学習することで、無理なく自然に AI の基礎知識が身につくよう吟味されています。出題範囲は必要十分に凝縮され、取り組みやすいことも特徴です。

　さて、本書は「AI 実装検定－A 級－」受検者のための公式テキストとして、シラバスを網羅的にカバーしています。また、検定で出題された過去問を厳選し、問題演習を通じて、理解をしっかりと深められる内容構成になっています。

　学習に大切なことは継続です。AI 実装検定の A 級合格を目標に設定し、試験日に向かって本書を繰り返し活用することによって、実力を高めて合格を勝ち取ってください。さあ、いっしょに AI の学習を始めていきましょう！

　最後となりましたが、大学教育出版 編集部の皆様には企画・編集面でサポートいただき、AI 実装検定実行委員会の真田雄一朗委員長には、企画の構想から原稿のアドバイスを含め、大変にお世話になりました。

　この場をお借りし、厚くお礼申し上げます。

2022 年 4 月

佐々木　淳

AI 実装検定とは

　AI 実装検定は AI に関しての知識・実装力を認定する資格です。資格のグレードは 3 つ、S 級・A 級・B 級が設定されています。

　本書は A 級の受験レベルに完全対応した公式テキストです。A 級の合格者はディープラーニングの実装について数学、プログラミングの基本的な知識を有し、ディープラーニングの理論的な書籍を読み解くことができ、独学の準備ができる能力を有することを認定します。

　より高度な画像処理や自然言語処理、有名モデルの実装力を認定する S 級への基礎固めとして、また AI の基礎的な知識・実装力を認定する B 級の応用としても本書を活用いただくことができます。

■各級の概要とレベル

S 級…AI の実装力だけでなく画像処理をメインとした実践的な力と、自然言語処理や有名モデルの実装などの応用的な実装に対しても挑戦できる力を認定します。
現在 AI 分野における最難関資格です。

A 級…ディープラーニングの実装について数学、プログラミングの基本的な知識を有し、ディープラーニングの理論的な書籍を読むことができ、独学の準備ができる力を認定します。AI 難関資格である E 資格の認定プログラムにも挑戦できるレベルです。理系大学卒業・社会人程度。

B 級…AI に興味があるが、まったく知識のない入門者でも最初の目標として挑戦できる試験です。AI の網羅的な知識を問う G 検定の前段に位置したレベルに設定しています。高校理系卒業・大学生程度。

A 級合格のメリットと試験概要

　ビックデータ・データサイエンス・DX・人工知能といった先端分野の IT 人材は不足しています。様々な業界で AI が導入されている現在では、AI に造詣が深い人材は評価されやすい傾向にあります。A 級を取得することで、AI 技術者としてビジネスで活躍できる知識と実装力を得られることができるとともに、履歴書に資格取得を記載することで就職・転職に有利になります。

　また合格された方には AIEO（AI 実装検定実行委員会）より、A 級取得を証明するロゴが発行されます。ビジネスレベルでの AI に関する知識・実装力を、客観的にアピールすることができます。

　なお、A 級の試験概要は下記のとおりです。

試験実施時期	通年
受験方法	CBT 試験（Computer Based Testing の略で、コンピュータを利用して実施する試験方法）
出題形式	60 問の多肢選択式（AI20 問・数学 20 問・プログラミング 20 問）
受験資格	不問
試験時間	60 分
合格基準	70%程度
認定証	ディープラーニング実装師 A 級
出題範囲	AI 実装検定実行委員会の定めるシラバスより出題
受験料	一般 14,850 円・学割 8,250 円（税込み）
申込先	テストセンターで試験を実施 ➡詳しくは下記 URL をご確認ください。 　https://cbt-s.com/examinee/examination/equ.html

学習のシラバス

■ AI

ディープラーニングの基本構造であるニューラルネットワークの基礎的な構造の理解を問います。

・入力層と出力層	・二乗和誤差
・重み	・誤差の微分
・順伝播の計算	・誤差逆伝播法
・行列の掛け算	・連鎖律
・バイアス項の導入	・偏微分
・sigmoid 関数	・アダマール積
・正解値の導入	

■ 数学

ディープラーニングで活用する数学の内容について、計算ができるかを問います。高校数学レベルの内容ですが、ごく一部大学数学を含みます。

①**関数と微分** － ニューラルネットワークの連鎖率で使われる数式
②**数列と行列** － ニューラルネットワークの基本的なネットワークの記載に
　　　　　　　　必要な数式
③**集合と確率** － 和集合と共通部分 － 絶対補と相対補 － ベイズ確率 － 条件付
　　　　　　　　き確率

■ プログラミング

ディープラーニングの実装においてデファクトスタンダードである Python
と、数値計算をするための各種ライブラリの実装知識を問います。

・Numpy	・Seaborn
・Pandas	・Sciket-learn
・Matplotlib	

※ここで掲載している情報は 2022 年 5 月現在のものです。
　受験をする際には必ず下記サイトの最新情報をご確認ください。
● AI 実装検定実行委員会　（https://kentei.ai/）

AI 実装検定実行委員会（AIEO）とは

　AI 実装検定実行委員会（AIEO）は、日本国内で AI に関連した知識を 100 万人が学ぶ社会を理念とし、2020 年 5 月に設立されました。

　世界の時流においては、流通、エネルギー、金融、軍事、教育、農業、医学、すべての分野で AI の研究が進んでいますが、日本ではまだ AI は身近ではありません。

　米国では Google・Amazon・Apple・Facebook などのハイテク企業が率先して AI 技術を活用しているのに対し、日本ではまだこれからと言わざるを得ません。

　100 万人の厚く多様な層が AI 技術を下支えすること。それが、より強く豊かで人に寄り添う社会を実現するのではないか。そんな想いをもとに、中学校までの義務教育を受けていれば誰もが挑戦することができる AI 実装検定を運営しています。

目　　　　次

第1章　AI

第 2 章　数　学

第 3 章　プログラミング

AIとは何か？

　近年よく耳にするようになった言葉に AI、人工知能（artificial intelligence）
があります。人間が自然に生み出した知能を自然知能といいますが、この自然
知能をコンピュータ（機械）上で実現することが AI（人工知能）です。

　AI は定義が様々なので、3 つほど見てみましょう。

> 日本オペレーションズ・リサーチ学会による定義
> 「人間や生物の知能を、機械によって実現したもの。あるいはその研究分野」
> 大学の先生の定義の例
> 「人工的につくられた人間のような知能、ないしはそれをつくる技術」
> 「知能の定義が明確ではないので、人工知能を明確に定義できない」…等

　専門の先生方の定義を大きくとらえると、AI は人間が行う学習、推論、認
識、判断などの知能機能を再現するシステムと考えられます。
　AI は大きく分けて、強い AI（汎用型 AI）と弱い AI（特化型 AI）の 2 つあ
ります。強い AI（汎用型 AI）は、アニメで見かけるどら焼きが好きなネコ型
ロボットや鉄腕ロボットに代表される、人間のように高度な知能を持ったロ
ボット等ですが、強い AI（汎用型 AI）はまだ実現していません。弱い AI（特

化型 AI）は、限定的な問題解決や推論を行うための AI です。例えばチェス、囲碁、将棋のゲーム AI や画像認識のための AI、音声認識の AI のように 1 つの分野に特化した AI が、弱い AI（特化型 AI）です。弱い AI（特化型 AI）はすでに存在していて、私たち人間の能力を超えているものがあり、将棋棋士の藤井聡太氏のように活用、共存しているプロもいます。このように AI は部分的に成果を挙げていますが、まだ人間の頭脳のように融通の利く万能な能力（汎用性）は持っていません。

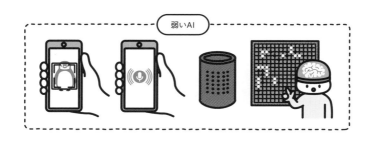

弱い AI の例として画像認識をみてみましょう。SNS で自動的に人をタグ付けできるように、画面に映った人の顔などを認識することが画像認識で幅広く活用されています。この技術は、AmazonGo、TOUCH TO GO などの無人コンビニの技術などにも応用されています。ただし、人間のように草むらに隠れたものを予想して認識するような汎用性はまだ持っていません。

画像については認識のみならず生成もできます。写真画像の加工アプリで現在の自分を撮影し、アップロードすることで、将来の姿の画像等を生成することができます。画像生成は様々な分野での応用が期待されています。

画像認識と合わせて音声認識も広く応用され、Google ホームや Alexa などの商品の他、スマートフォンや iPhone などにも活用されています。

これらの例のように AI を用いて様々な応用が行われていますが、近年特に話題になっているものに DeepL 社が提供する DeepL 翻訳があります。

DeepL 翻訳は、機械学習を利用した翻訳サービスで、他にも翻訳サービスはありますが、DeepL 翻訳は他の翻訳よりも精度が高くなっています。

かつて翻訳では、日本語の慣用表現「朝飯前」を「Before breakfast」のよ

うに直接訳してしまうなど、日英・英日の翻訳は不可能と言われていました。しかし DeepL 翻訳は「朝飯前」を「easy as pie」と訳します。

　もちろんすべてを完全に翻訳できるわけではありませんが、機械学習は私たち人間のように日々学習していき、良い翻訳に近づいていくのが特徴です。

　そしてこの機械学習は AI（人工知能）の 1 つの分野で、AI ブームのきっかけを作りました。機械学習はその名の通り、コンピュータ（機械）自身が学習することで、プログラムされた以上のことができるようになります。AI は 0 の状態から新しい知識を手に入れることを苦手とするため、人間を通して知識を蓄積し、学習していきます。

　機械学習は AI のブームのきっかけになりましたが、AI のブームは機械学習が初めてではなく、過去を遡ると、3 度のブームがありました。歴史を少し見ていきましょう。

　AI において最初の大きなイベントが、1956 年にアメリカで行われたダートマス会議です。この会議で、ジョン・マッカーシーが初めて AI（人工知能）というキーワードを用いました。ダートマス会議で AI（人工知能）が世の中に認識されたことで、人間の知能が機械で再現できるかもしれないという期待が生まれ、第 1 次 AI ブームが起こります。第 1 次 AI ブームで主に研究されたのは「推論」と「探索」でした。しかし、解決したい社会上の問題が解けな

いことが次第にわかっていき、ブームが一気に冷めて冬の時代を迎えることになります。

　この長い冬の時代にエドワード・ファイゲンバウムは、コンピュータが得意とする計算と推論を利用して答えを導くエキスパートシステムを開発します。このエキスパートシステムを機に第2次AIブームが始まります。このエキスパートシステムは、医者や弁護士などの専門的な知識をコンピュータに入れて、コンピュータのプログラムに職業の代行をさせるものです。エキスパートシステムはAIの注目を集めることには成功しましたが、第1次AIブームと同じように周囲の期待に応えることができず、再び冬の時代を迎えます。

　エキスパートシステムには欠点がありました。専門領域に必要な膨大なルールを作成することが大変であること、例えば患者を診断するための仕組み、法律的な判断をするための仕組みなど、非常に複雑で曖昧かつ膨大な量の仕組みをコンピュータに入力する必要があります。コンピュータは「具合が悪い」などの曖昧な判断に弱いため、既存のルートから外れた事柄に対しては適切な答えを返すことができない弱点がありました。

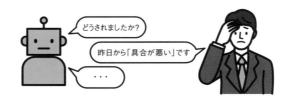

　そのためAIは2度目の冬を迎えますが、ここで革新的な出来事が起きます。それは、IBMによるAI「ディープ・ブルー」が1996年にチェスの世界王者ガルリ・カスパロフに勝利したことです。これはAIが人間の知性を部分的ではあるものの、上回った事例の1つとなりました。当時（1986年）はチェスのような複雑なゲームに対して、コンピュータが人間に勝つのはまだ先と考えられていたので、良い意味で予想を覆した瞬間でした。

　そして2000年代半ばに第3次AIブームが始まります。第3次AIブームのきっかけとなったのが機械学習、特にディープラーニング（深層学習）です。

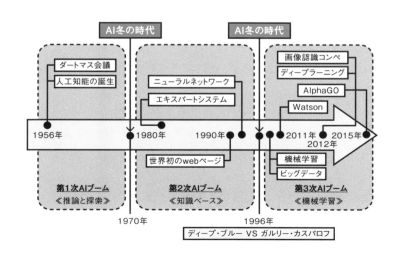

ディープラーニング（深層学習）によって、高度な認識がコンピュータのプログラムで可能になり、チェス以上に攻略が困難とされていた囲碁や将棋のチャンピオンに対しても AI が勝利するようになりました。

　また医療用の画像認識や、それまで人間の経験や勘でしかできなかった分野においても AI が少しずつ人間の役割を代用するようになりました。

　非常に部分的ですが人間の知能に迫る AI が少しずつできつつあるのが現状です。2045 年には AI が完全に人間を凌駕するシンギュラリティ（技術的特異点）が到来するとレイ・カーツワイルが提唱しました。シンギュラリティが到来するかどうかはわかりませんが、将来 AI が社会に大きな影響を与えることに間違いないでしょう。

機械学習、ディープラーニングとは

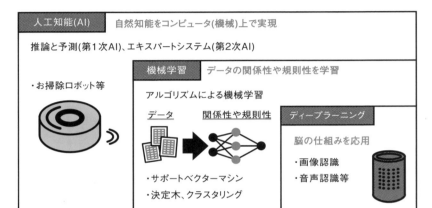

人工知能(AI)　自然知能をコンピュータ(機械)上で実現

推論と予測(第1次AI)、エキスパートシステム(第2次AI)

・お掃除ロボット等

機械学習　データの関係性や規則性を学習

アルゴリズムによる機械学習

データ　　関係性や規則性

ディープラーニング

脳の仕組みを応用

・画像認識
・音声認識等

・サポートベクターマシン
・決定木、クラスタリング

　前講では AI ブームの概略を見てきました。続いて第3次 AI ブームを作った機械学習、そしてディープラーニング（深層学習）について概略を見ていきます。機械学習は、AI の一分野で名称の通り機械自身が経験や学習を行う技術です。私たち人間が新しい知識や技術を学習するように、機械が学習することでプログラムされた以上のことができるようになります。

　学習の結果、いろいろなデータを基に機械が自動的にデータから私たちが欲しい情報や特徴を見つけます。特にデータが複雑で情報や知識を得るためのルールを人間が作りだすことが困難な場合、効果を発揮します。

　現在、機械学習の手法には大きく分けてアルゴリズム（計算式）による機械学習とディープラーニングの2つがあります。コンピュータに学習させるデータを私たちが用意するのがアルゴリズムによる機械学習で、コンピュータ自身に用意させるのがディープラーニングです。

　ディープラーニングは、近年熱心に研究されている分野で、画像認識、音声認識等に応用されています。コンピュータの計算速度が向上したことで、実際に応用できる範囲が広がりました。

　一方のアルゴリズムによる機械学習は、歴史的に長く研究されてきたもので、人間が考え作り出したアルゴリズムを、実際のデータに当てはまるように自動的に調整するものです。具体的には、表形式の統計データや観測データなどに活用することができ、プログラミング言語 Python では、後に紹介する scikit-learn というライブラリを使って容易に実装できます。

　アルゴリズムによる機械学習は、必要となるデータ量が比較的少なくてすむのが特徴です。そのため、現在のコンピュータを用いると数秒〜数十秒で学習を終えることができ、Python の実装で学習の速さを実感できます。

　アルゴリズムによる機械学習に対して、ディープラーニングは多くのデータを学習させる必要があるため、多くの時間を必要とします。

　その他、特徴的な違いとして、機械学習のアルゴリズムはコンピュータに学習をさせた後、その学習がどのようなもので、どのように行われたのかを説明することができるようになっています。

　一方でディープラーニングは、どのような学習が行われたのかを説明するのが困難な場合が多いです。

学習と推論

　ディープラーニング（深層学習）を含む機械学習では、学習というステップを経ることで、推論を行い私たちの役に立てることができます。

　学習は実際に手作業などで集めたデータを基に、機械学習のアルゴリズムに対して特徴量を抽出できるようにするステップです。

　推論はデータを使って学習させた機械学習のアルゴリズムを、学習に使ったデータにはなかった未知のデータに対してアルゴリズムを適用するステップです。機械学習のアルゴリズムは、比較的学習が簡単にできます。一方でディープラーニングは、学習に必要となるデータの量が多く、時間が長くかかるため、学習が容易ではありません。

　大量のデータを基に機械学習のアルゴリズムやディープラーニングのネットワークに学習させることで、今まで学習に用いなかった未知のデータに対して、学習結果を適用する推論ができるようになります。

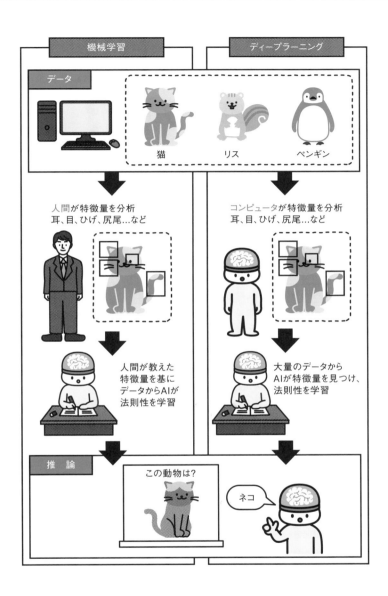

教師あり学習、教師なし学習、強化学習

機械学習はコンピュータが学習するデータを私たち人間が用意します。機械学習には、教師あり学習、教師なし学習、強化学習などの学習のアルゴリズムがあるので、この3つを見ていきましょう。

教師あり学習は、データ（例題）と正解ラベルと呼ばれる解答をセットでコンピュータに学習させる方法で、このセット（正解ラベル付きのデータ）を教師データといいます。教師あり学習は、私たちが行う学習に似ています。なお教師データは訓練データなど、他の呼び方もあります。

例えば私たちが数学の学習をする場合、問題集で演習を行い自分が解いた答案と問題集の解答を確認します。問題が解けなかった場合は解答を基に知識を習得し、解き方を学んでいきます。このような学習を通して、未知の問題にも対処できるようになっていきますが、コンピュータもこのプロセスを踏みます。機械学習のアルゴリズムや深層学習のモデルが問題を解き、答えである正解ラベルと突き合わせながら学習していきます。

教師あり学習は、大きく分類問題と回帰問題に分かれます。

■教師あり学習（分類）

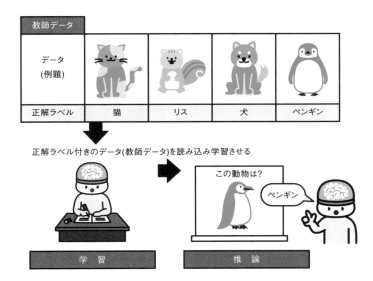

正解ラベル付きのデータ(教師データ)を読み込み学習させる

データ（例題）と正解ラベルをセットで学習させる教師あり学習に対して、正解がわからないデータをコンピュータに分析させ、規則性や特徴を見つけて似ているものでグループ分けする方法が教師なし学習です。そのため教師なし学習は、学習を行う際に人間が欲しい答え付きの学習データを準備しません（特徴が似ているものをグルーピングすることをクラスタリングといいます）。

画像の例は、特徴を「大きいもの・小さいもの」でグルーピングした例と特徴を「図形（丸・四角・三角）」でグルーピングしたものです。

Amazonでは「閲覧履歴からのおすすめ」や「人気商品とあなたにおすすめ」のように、私たちが購入した商品を分析しておススメ商品を提示するレコメンド機能があります。Amazonは私たちの購入したい商品を知りません。つまり正解を知らないのです。そのため、私たちの購入履歴などを分析して特徴や規則性を見つけておススメとして提示するのです。

11

■教師なし学習

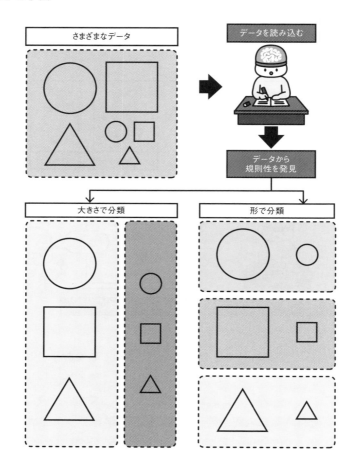

　強化学習は、近年機械学習の分類に加わり注目されています。教師あり学習は正解付きのデータ（教師データ）を学習させ、教師なし学習は正解なしのデータを学習させました。

　それらに対し、強化学習は報酬が最も高い方法を学習していく仕組みで、人間の感覚に近い学習方法です。強化学習を象徴するものがゲーム AI、特に囲碁の AlphaGo が有名です。囲碁が自力で人間に勝つためのプログラムとして強化学習が用いられています。強化学習は、人間が目標設定を行うだけで、そ

の目標を改善するようにプログラムが自力で学習をしていきます。一昔前は
AI が人間に将棋や囲碁で勝つことはありえないと言われていましたが、現在
は逆で人間が AI に勝つことが困難になりました。強化学習は、他にも色々と
面白い使い方や応用の可能性があり期待や注目を集めています。

　強化学習の基準は報酬ですが、将棋や囲碁を含むゲームであれば勝ち負けを
点数化したものとイメージすればわかりやすいと思います。

　右図の状況の○×ゲームで、強化学習の報酬例を見て
みましょう。

　コンピュータが○、人間が×を付けるとし、先手はコ
ンピュータ、人間は後手とします。

　次の手はコンピュータですが、左下のマスを○とする
と

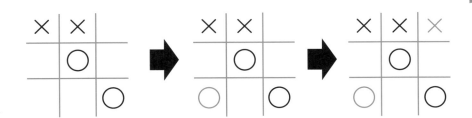

　このように、コンピュータが負けて、×を付ける人間が勝ちます。このとき
は負けたペナルティとして0、報酬を0とします。

　次に例えば右上のマスを○とすると、人間がどのマスを×にしても、コン
ピュータが勝つことができます。これを報酬1とします。

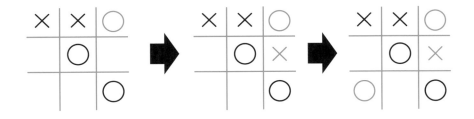

13

コンピュータは勝ち負けを言葉で説明しても理解できませんが、報酬を1、0のように数値化して、大きいほうが良いと伝えると学習し始めます。

　良い手、悪い手を数値化することで、コンピュータは計算や学習ができるようになるわけです。これが囲碁・将棋などのゲームで起きた革命的な部分で、強化学習を行うことで、ゲームAIは人間が太刀打ちできないぐらいのレベルまで一気に強くなりました。

　強化学習は他に自動運転の技術にも活用されています。例えばトヨタ自動車株式会社は、模型のリモコンカーを走らせて衝突した際にペナルティを与える等で強化学習の技術を応用させています。

過学習と汎化性能

　ここまで学習を見てきましたが、どんどん学習させればよいものでもありません。大切なことは学習時の教師データで良い結果を出すことだけではなく、未知のデータに対して良い結果を出すことです。しかし、教師データに対しての精度だけを求めすぎると、本来の目的である未知のデータに対して高い精度とならない偏った学習となります。この偏った学習を過学習（OverFitting）といい、未知のデータに対する推論の精度のことを汎化性能といいます。

　過学習は下図1のように教師データのみに過剰に適合し、実用上使えない予想モデルとなります。意味を考えず量だけ学習すると偏った結果になるのは人間だけではなくコンピュータも同じです。適切に学習することで過学習を防ぎ、汎化性能を高めることで下図2のような未知のデータに対応可能な予想モデルができます。

　なお、過学習は、その名の通り教師データによる学習が多すぎるために起きる偏った学習と紹介しましたが、教師データが少なくても発生します。過学習はモデルの自由度が高いとき、つまりモデルが複雑なときに起こります。

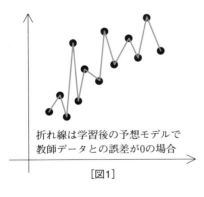

折れ線は学習後の予想モデルで
教師データとの誤差が0の場合

[図1]

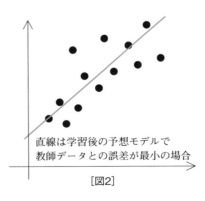

直線は学習後の予想モデルで
教師データとの誤差が最小の場合

[図2]

画像データの表現（標本化、量子化）

　私たち人間は日々、視覚的な情報を自然に得ていますが、コンピュータは視覚的な情報を自然に得ることはできません。そこで、機械学習のモデルに視覚的情報（画像データ）を読み込ませる方法やデータの表現方法について見ていきましょう。

　例えば左下にある数字0を例に考えていきます（この数字0は無限個の点で構成されているとします）。これから行う操作は、この無限個の点の情報量を少なくしてコンピュータが扱えるようすることで、1つ目は標本化です。この無限個の点からなる画像を8×8の64マスの情報に落とします。レトロゲームなどの画像をイメージするとわかりやすいと思います。

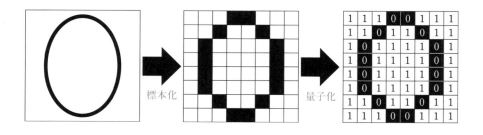

　図のように滑らかな0という数字の情報、連続的に変化するアナログの情報を、ドットで構成された飛び飛びの情報（デジタルの情報）にすることが標本化です。そして、この白と黒のピクセルを0、1、2、3…の飛び飛びの値、つまり離散値にするのが量子化です。各ピクセルのマス目は、明るさを白であれば1、黒であれば0の2つの値（2値）で指定しています。

　黒と白の間にグレーのような濃淡情報を保持する場合、黒を 0、白を 255 とする 1 ピクセル 256（= 2^8）通りの階調をもつモノクロ画像（8 ビットグレースケール）で表すことが多いです。

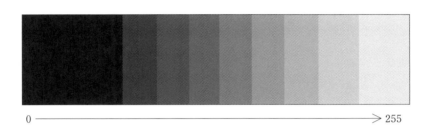

0 ⟶ 255

MNIST

　画像データセットとして有名なものに MNIST（エムニスト）があります。
ここでは MNIST の概略を見ていきましょう。

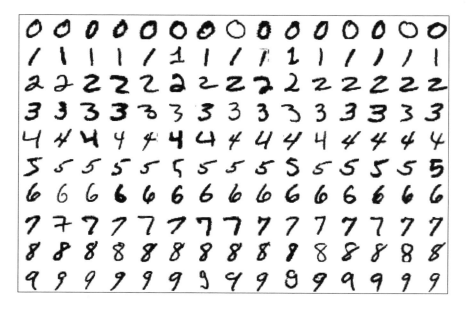

　MNIST は手書き数字 0 から 9 の 10 クラスからなる教師あり学習用のデータセットです。訓練用画像 6 万枚とテスト用画像 1 万枚の計 7 万枚、サイズは 28×28 の 784 ピクセルで構成されています。28×28 だと少々粗さはありますが、それぞれが表す数字を十分判断ができます。一般に明度として黒を 0、白を 255 とすることが多いですが、MNIST では白を 0、黒 255 と規定しているので注意が必要です。

1
A
I

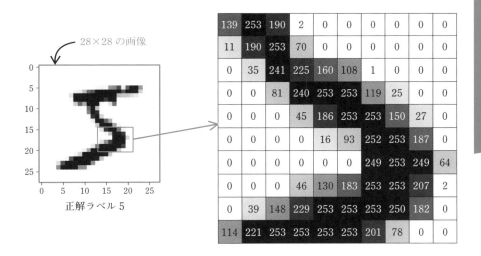

MNIST データセット
・手書き数字 0 〜 9 の画像データセット
・学習用（訓練用）の画像と正解ラベルのデータが 6 万枚
・検証用（テスト用）の画像と正解ラベルのデータが 1 万枚
・画像のサイズは縦 28 × 横 28 の 784 ピクセル

28×28 の画像

正解ラベル 5

　それでは画像データの具体的な格納方法とピクセルの指定について見ていきましょう。左下図の画像は、先ほど同様数字 0 に対し標本化と量子化を行った結果です。格納の方法は、2 次元の配列で格納するだけではなく、各行を横に並べていくことにより 1 次元の配列として表現することもできます。

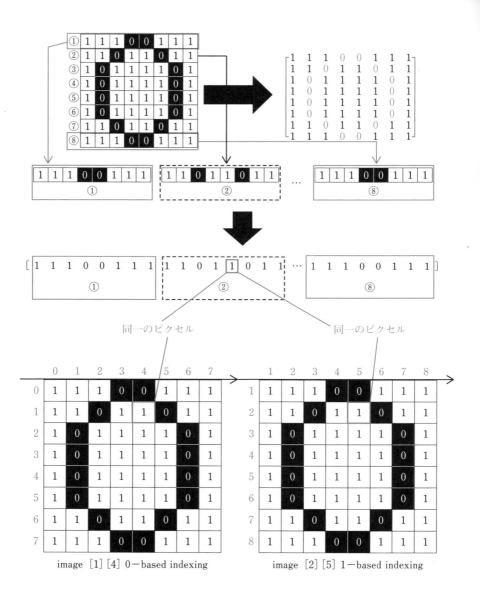

image [1] [4] 0－based indexing   image [2] [5] 1－based indexing

同一のピクセル   同一のピクセル

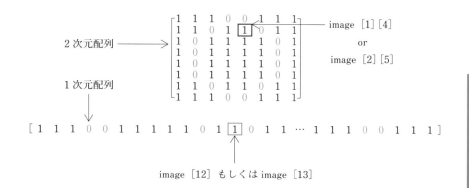

1

A
I・

image [12] もしくは image [13]

　この2次元配列、1次元配列それぞれについてデータの具体的なピクセルの指定について見ていきましょう。ある1つのピクセルについて変数（image）に2次元配列として格納している場合、左上を原点として image [1][4] もしくは image [2][5] とします。

　変数（image）に1次元配列としてデータを格納している場合、上記の1次元配列中の□セルは image [12] もしくは image [13] とします。

　同じ2次元配列なのに2通りの表記、同じ1次元配列なのに2通りの表記があることに疑問をもつ人もいると思いますが、これは扱うプログラミング言語によって違うため紹介しました。C、C++、Python などの言語は、数え始めを0とする（0−based indexing）、R や Julia は数え始めを1とする（1−based indexing）こととなっています。

カラー画像の表現

　カラー画像の場合について見ていきましょう。左下図に表示されているのは赤・青・緑の3色を含んだ標本化済みの画像です。カラー画像は2次元配列が3層構造で、奥行き方向が必要となります。1層目として赤色の2次元配列、2層目として緑色の2次元配列、3層目として青色の2次元配列を持ちます。

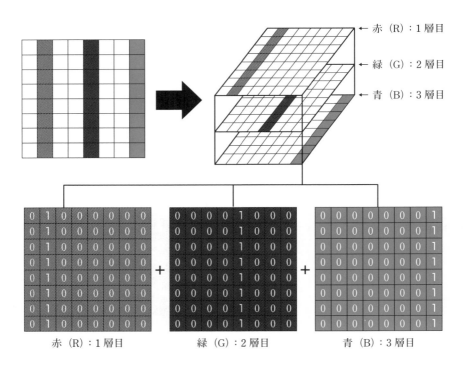

赤（R）：1層目 → 緑（G）：2層目 → 青（B）：3層目

赤（R）：1層目　　　　　　緑（G）：2層目　　　　　　青（B）：3層目

　ここでは光の3原色、赤（R）・緑（G）・青（B）のカラーが使われていますが、3色以外を表現する場合でも層は増えません。黄や紫など他の色を表現する場合、RGBのピクセル値の組み合わせで表現します。

いくつか例を見ると

$$白：R = 255、G = 255、B = 255$$
$$黒：R = 0、G = 0、B = 0$$
$$赤：R = 255、G = 0、B = 0$$
$$緑：R = 0、G = 255、B = 0$$
$$青：R = 0、G = 0、B = 255$$
$$シアン：R = 0、G = 255、B = 255$$
$$マゼンダ：R = 255、G = 0、B = 255$$
$$黄：R = 255、G = 255、B = 0$$
$$グレー：R = 128、G = 128、B = 128$$
$$オリーブ：R = 128、G = 128、B = 0$$
$$紫：R = 128、G = 0、B = 128$$
$$マロン：R = 128、G = 0、B = 0$$
$$ネイビー：R = 0、G = 0、B = 128$$
$$シルバー：R = 192、G = 192、B = 192$$

　私たち人間は RGB の明度の比率で色を認識します。カラー画像のデータ保持は、RGB の明度それぞれの奥行き方向に保持しています。このとき RGB がどの順番で奥行き方向に保持されているのかはデータセットによるので、その都度確認が必要です。

画像認識コンペ ILSVRC と AI ブーム

　画像データを用いた機械学習のコンペといえば ILSVRC（ImageNet Large Scale Visual Recognition Challenge）が有名で、ディープラーニングが脚光を浴びるきっかけとなりました。ILSVRC は、ImageNet とよばれる大規模（Large Scale）なデータセットを用いた画像認識（Visual Recognition）のコンペ（Challenge）でした。クラス数は 1000、訓練データは 120 万枚、テストデータは 10 万枚、検証データが 5 万枚で合計 135 万枚程度のデータを扱っていました。ILSVRC は 2017 年に終了していますが、他の画像認識のコンペが開催されています。

　2010 年、2011 年はサポートベクターマシン（SVM）を用いた手法が上位でしたが、2012 年に登場した AlexNet はディープニューラルネットワークを使ったモデルでサポートベクターマシンのモデルに圧勝しました。

　1%単位で画像認識の精度改良を競っていた中で、AlexNet は 10%もの精度向上を実現しました。この精度向上の要因が、それまでは使い物にならないと思われていた人の脳を模したニューラルネットワークであったことが、大きな衝撃と期待を生みました。

　ILSVRC2012 以降の優勝モデルは、特徴量ベースのサポートベクターマシンからディープニューラルネットワークへ移りました。具体的には、次のページのとおりです。AlexNet に限らず、GoogLeNet、VGGNet、ResNet などモデルを確認すると面白いです。

　なお、人間が同じように画像認識をする場合のエラー率は 0.051 なので、2015 年以降は、画像認識の制度で人間は AI に勝てなくなったことがわかります。画像認識が実用化されることで機械が「目を持った」わけです。

年	順位	モデル名	エラー率	機関
2010	1位	－	0.282	NEC labs America
	2位	－	0.336	XRCE（Xerox Europe）
	3位	－	0.446	東京大学　ISIL
2011	1位	－	0.258	XRCE（Xerox Europe）
	2位			東京大学　ISIL
2012	1位	AlexNet	0.164	トロント大学
	2位	－	0.262	東京大学 ISIL
2013	1位	ZFNet	0.117	ニューヨーク大学
2014	1位	GoogLeNet	0.067	Google Xlab
	2位	VGGNet	0.073	オックスフォード大学
2015	1位	ResNet	0.036	Microsoft Research
2016	1位	ensembled networks	0.03	香港中文大学
2017	1位	SENet	0.023	中国科学アカデミー
参　考		人間のエラー率	0.051	

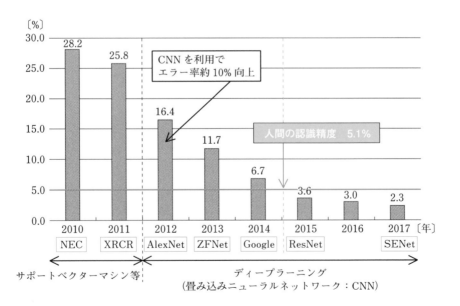

ニューラルネットワークとは何か？

ニューラルネットワークは、機械学習の手法の1つで、ディープラーニングの基になるアイディアです。人間の脳にあるニューロンと呼ばれる神経の伝達の構造と動きを模倣したモデルなので、生物学的背景があります。

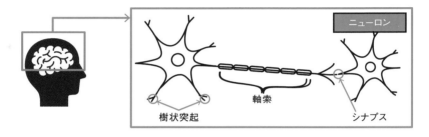

ニューロンは、様々な情報や刺激等を伝達している神経細胞です。この仕組みを機械学習に応用させること、つまりコンピュータの中で人間の脳の神経回路を模倣して機能させることがニューラルネットワークです。神経細胞のネットワークを抽象化してコンピュータで再現したものと考えることもできます。

ニューラルネットワークは、人間の脳と同じような機能を機械で代替できないかと考えられたもので、サポートベクターマシン（SVM）と比較すると、人間に近づいた手法と考えることもできます。

ニューロンの役割は、情報を処理することと、隣のニューロンに情報を伝達することです。ニューロンへの情報伝達は、シナプスによって行われます。

シナプスはニューロンとニューロンを繋ぐ接触部分です。ニューロンはシナプスで電気信号の受け取りをすることで結びつきます。

ニューラルネットワークは、ニューロンを中心とした人間の脳の神経回路を模倣したものですが、ニューロンをモデルにする際、シンプルな形で記述していくので、次講で見ていきます。

入力層、中間層、出力層、重み（weight）

　ニューロンの構造を模倣しモデル化したニューラルネットワークは、下図のように丸と丸が線で結ばれたシンプルなモデルとなっています。

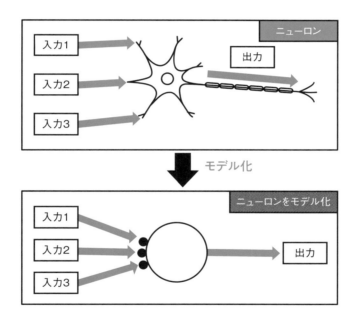

　ニューロンをモデル化したシンプルなユニットが複数結びついてニューラルネットワークを構築します。ニューロンがそれぞれ結ばれ、左側から右側に情報が伝達されていきます。それぞれに名前があり、一番左の列を入力層（input layer）といいます。入力層は値、情報、データが入力される部分です。

　一番右側にあり、入力されたものが左から右に順次計算されて最終的な結果が出る部分を出力層（output layer）といいます。

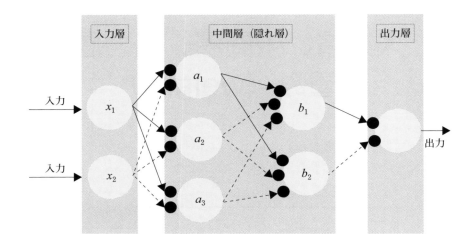

　入力層と出力層の間にある層を中間層（middle layer）といいます。入力された値が出力される中、この真ん中の部分が見えないため、隠れ層（hidden layer）ということもあります。図の例では中間層（隠れ層）が２つですが、中間層が１つの場合や３つ以上の場合もあります。

　ニューラルネットワークは、中間層がそこまで多くないものを指します。中間層が深く（ディープ）、さらに工夫を施したものをディープニューラルネットワークといいます。ディープニューラルネットワークでの学習をディープラーニング（深層学習）といいます。

　入力層は、情報を入力するために必要で、出力層は出力する際に必要なことはわかります。中間層は、入力層で取得した情報を出力層に伝える役割がありますが、入力層で取得した情報をそのまま出力すれば不要になります。しかし、入力層で取得した情報をそのまま出力する場合、解けない問題があるため、問題を解けるようにするために中間層が存在します。そのため中間層（隠れ層）の役割は、入力層で取得した情報を「調整」し、出力層に伝えることにあります。

　入力層と出力層の間にある道で入力層の x_1 と x_2 のニューロンの値を調整する役割を果たしているものが重みです。重みは重要度や影響度を表し、重みの値が大きければ入力の影響度が増し、小さければ影響度が減少します。この重

みは入力層と出力層の間にある全ての道にあり、重みは英語で weight と表す
ので頭文字から w を用いて表すことが多いです。重みはその道の重要度に応
じて値が変わるので、識別できるように１つ１つの重みに番号（添え字）を
付けます。まず、次のとおり x_1 の道にある w には、x_1 の１に対応して、w_{11}、
w_{12}、w_{13} とし、x_2 の道にある w には、x_2 の２に対応して、w_{21}、w_{22}、w_{23} としま
す。w の番号（添え字）の後半は a の番号（添え字）を用いています。

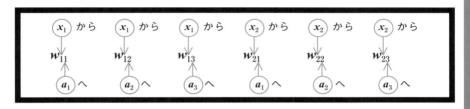

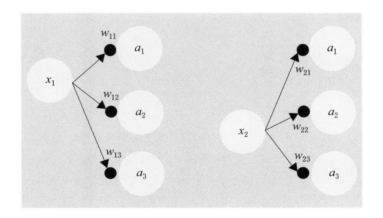

順伝播の計算

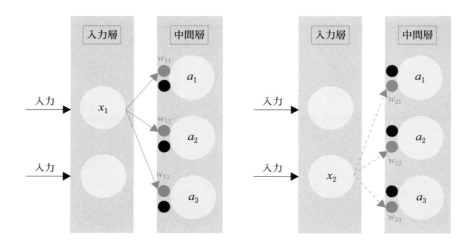

本講ではニューラルネットワークの計算を見ていきます。まず、x_1 と a_1 に着目すると、x_1 に入っていた情報が重み w_{11} によって調整され「$x_1 \times w_{11}$」となります。同様に、x_2 と a_1 に着目すると x_2 に入っていた情報が重み w_{21} によって調整され「$x_2 \times w_{21}$」となり、この 2 つを合算することで「$x_1 \times w_{11} + x_2 \times w_{21}$」となります。つまり

$$x_1 \times w_{11} + x_2 \times w_{21} = a_1$$

です。重みの機能（重要度）が加わることで、認識の精度が高まります。入力された情報が出力層に向かって順々に処理されることから、この処理を順伝播といいます。ニューラルネットワークはこの順伝播と逆向きに値が伝わる逆伝播という処理によって支えられています。a_1 と同様に、a_2、a_3 は

$$x_1 \times w_{12} + x_2 \times w_{22} = a_2$$

$$x_1 \times w_{13} + x_2 \times w_{23} = a_3$$

です。それでは、具体的に例題を見てみましょう。

例題 【図1】はニューロンを用いた順伝播の処理を図示している。入力値 x_1、x_2、重み w_{11}、w_{12}、w_{21}、w_{22}、が下記に示された値を取るとき、出力値 a_1 の値を求めよ。

入力値　$x_1 = 10$、$x_2 = 7$

重み　$w_{11} = 7$、$w_{12} = 3$
　　　$w_{21} = 4$、$w_{22} = 2$

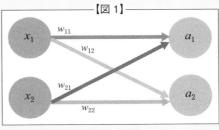

【図1】

解説＆解答　a_1 を中心に図1を見ると

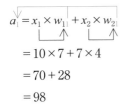

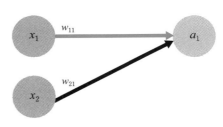

$$a_1 = x_1 \times w_{11} + x_2 \times w_{21}$$
$$= 10 \times 7 + 7 \times 4$$
$$= 70 + 28$$
$$= 98$$

例題 【図1】はニューロンを用いた順伝播の処理を図示している。入力値 x_1、x_2、x_3、重み w_{11}、w_{12}、w_{13}、w_{21}、w_{22}、w_{23}、w_{31}、w_{32}、w_{33} が下記に示された値を取るとき、出力値 a_1 の値と a_2 の値を求めよ。

入力値

$x_1 = 6$、$x_2 = 9$、$x_3 = 5$

重み

$w_{11} = 3$、$w_{12} = 4$、$w_{13} = 3$、

$w_{21} = 5$、$w_{22} = 8$、$w_{23} = 1$、

$w_{31} = 1$、$w_{32} = 7$、$w_{33} = 2$

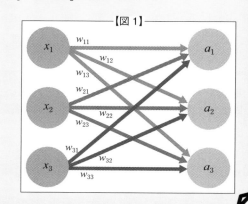

【図1】

解説&解答 a_1 を中心に図1を見ると

$$a_1 = x_1 \times w_{11} + x_2 \times w_{21} + x_3 \times w_{31}$$

$$= 6 \times 3 + 9 \times 5 + 5 \times 1$$

$$= 18 + 45 + 5$$

$$= 68$$

同様に a_2 を中心に図1を見ると

$$a_2 = x_1 \times w_{12} + x_2 \times w_{22} + x_3 \times w_{32}$$

$$= 6 \times 4 + 9 \times 8 + 5 \times 7$$

$$= 24 + 72 + 35$$

$$= 131$$

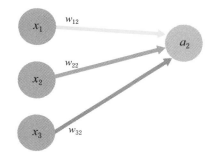

　ここまで a_1 と a_2 の値を見てきました。これに、a_3 を加えた

$$a_1 = x_1 \times w_{11} + x_2 \times w_{21} + x_3 \times w_{31}$$
$$a_2 = x_1 \times w_{12} + x_2 \times w_{22} + x_3 \times w_{32}$$
$$a_3 = x_1 \times w_{13} + x_2 \times w_{23} + x_3 \times w_{33}$$

の式は、第 2 章で紹介する行列を用いてまとめることができます。

入力値 x_1、x_2、x_3 を x でまとめると $x = \begin{pmatrix} x_1 \\ x_2 \\ x_3 \end{pmatrix}$、入力値 a_1、a_2、a_3 を a でまとめると $a = \begin{pmatrix} a_1 \\ a_2 \\ a_3 \end{pmatrix}$ です。

$$a_1 = \boxed{x_1 \times w_{11} + x_2 \times w_{21} + x_3 \times w_{31}}$$

に着目すると

$$\begin{pmatrix} a_1 \\ a_2 \\ a_3 \end{pmatrix} = \begin{pmatrix} \boxed{* \quad * \quad *} \\ \\ \end{pmatrix} \begin{pmatrix} x_1 \\ x_2 \\ x_3 \end{pmatrix}$$

の部分に対応するので、この部分に w_{11}、w_{21}、w_{31} を埋めることができそうです。実際、w_{11}、w_{21}、w_{31} を埋めてみると

$$\begin{pmatrix} a_1 \\ a_2 \\ a_3 \end{pmatrix} = \begin{pmatrix} \boxed{w_{11} \quad w_{21} \quad w_{31}} \\ \\ \end{pmatrix} \begin{pmatrix} x_1 \\ x_2 \\ x_3 \end{pmatrix}$$

となり、「$a_1 = x_1 \times w_{11} + x_2 \times w_{21} + x_3 \times w_{31}$」が確認できます。同様に考えると、

$$\begin{pmatrix} a_1 \\ a_2 \\ a_3 \end{pmatrix} = \begin{pmatrix} w_{11} & w_{21} & w_{31} \\ w_{12} & w_{22} & w_{32} \\ w_{13} & w_{23} & w_{33} \end{pmatrix} \begin{pmatrix} x_1 \\ x_2 \\ x_3 \end{pmatrix}$$

とすることができます。

$$w = \begin{pmatrix} w_{11} & w_{21} & w_{31} \\ w_{12} & w_{22} & w_{32} \\ w_{13} & w_{23} & w_{33} \end{pmatrix}$$

とおくと、$a = wx$ とまとめて表記できます。

バイアス項の導入

　前講で重み（重要度）が加わることで、認識の精度が向上することを見てきました。ニューラルネットワークには重みの他に精度を向上する値としてバイアス（bias）があります。バイアスは x と重み w で合算された値 xw に加えます。バイアスは頭文字の b を使うことが多いです。

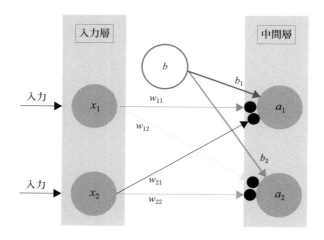

　バイアス b_1、b_2 は、x と重み w の計算 $x \times w$ を計算した後に加えるだけでよいので、計算式は次の通りです。

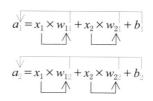

$$a_1 = x_1 \times w_{11} + x_2 \times w_{21} + b_1$$

$$a_2 = x_1 \times w_{12} + x_2 \times w_{22} + b_2$$

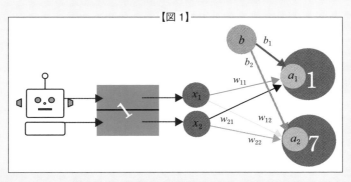

例題　【図1】はニューラルネットワークを表した図である。入力値が、$x_1 = 6$、$x_2 = 9$ であり、重みが $w_{11} = 3$、$w_{12} = 4$、$w_{21} = 5$、$w_{22} = 8$、バイアスが $b_1 = 3$、$b_2 = 1$ であるとき、出力値 a_1 の値と a_2 の値を求めよ。

【図1】

解説＆解答　複雑そうに見えますが、焦らず公式に代入していきましょう。

$$a_1 = x_1 \times w_{11} + x_2 \times w_{21} + b_1$$

$$= 6 \times 3 + 9 \times 5 + 3$$

$$= 18 + 45 + 3$$

$$= 66$$

$$a_2 = x_1 \times w_{12} + x_2 \times w_{22} + b_2$$

$$= 6 \times 4 + 9 \times 8 + 1$$

$$= 24 + 72 + 1$$

$$= 97$$

正解値の導入

　先ほどの例題は、ロボットの形をしたコンピュータが数字1の画像を見た
ときの過程を示しています。入力された情報を重みで調整して最終的な値を出
力します。しかし、コンピュータは正解を提示しないと何が正解かわかりませ
ん。そこで、コンピュータが正解・不正解を判断するために、正解を提示しま
す。

　例えば、様々な計算をしてコンピュータが、確率で出力するとします。

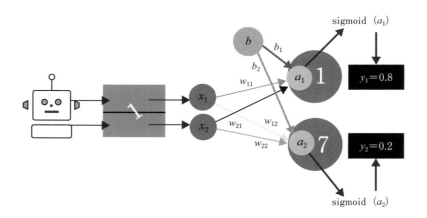

　上記の例は、コンピュータが画像を1と判断する確率が0.8、7と判断する
確率が0.2と予想した結果を示しています。この結果からコンピュータは確率
の高い0.8という出力値となる「1」と判断しますが、これは確率が高いほう
を選んだだけで、その値が正解かどうかはわかりません。そのため、正解・不
正解を提示する必要があります。

　例えば、正解に1、不正解に0を設定してみます。この1や0の値を正解値
(True Value) といいます。正解値を t_1、t_2 として、まとめてみましょう。

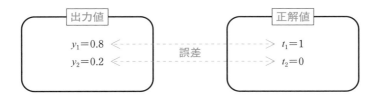

　このとき、出力値と正解値（目標値）にズレが出てきますが、このズレを誤差といいます。誤差が小さくなれば小さくなるほどコンピュータが正しく判断する可能性が上がっていきます。ニューラルネットワークでは、この誤差を小さくすることが大事になります。

平均二乗誤差

　ニューラルネットワークの重み（weight）を学習（更新）する手法を見て
いきます。学習するために、ニューラルネットワークの出力値と実際の値との
誤差を関数にした誤差関数もしくは損失関数とよばれる関数を設定します。重
み（weight）や bias は、誤差関数が最小になるように調整しながら学習して
いきます。まずは誤差関数の1つとして平均二乗誤差（MSE：Mean Squared
Error）を見ていきます。

$$MSE = \frac{1}{N} \sum_{n=1}^{N} (x_n - k_n)^2 = \frac{1}{N} \|\mathbf{x_n} - \mathbf{k_n}\|^2$$

（x_n：n番目の訓練データの出力値、　k_n：n番目の訓練データの目標値）

　機械学習の目標は、誤差関数のエラーを最小限にすることです。誤差関数
は、平均二乗誤差以外でも定義できますが、他の場合は誤差の精度が劣ってし
まうことや微分ができないなどのデメリットがあります。
　なお、シグマ記号Σが苦手な人は言葉で覚えましょう。
　誤差は、訓練データの出力値と目標値の差なので、（出力値）－（目標値）＝
$x-k$、二乗誤差なので先ほどの誤差を二乗して$(x-k)^2$です。これらを全部
足し算（シグマΣ）して、平均を取るのでデータの数Nで割ります。例題を
通して実感していきましょう。

例題　以下に示す出力xと目標値kの平均二乗誤差を求めよ。

(1)　$x = \begin{pmatrix} 4 \\ 3 \end{pmatrix}$、$k = \begin{pmatrix} 3 \\ 1 \end{pmatrix}$　　　　(2)　$x = \begin{pmatrix} 1 \\ 2 \\ 3 \end{pmatrix}$、$k = \begin{pmatrix} 2 \\ 1 \\ 4 \end{pmatrix}$

解説&解答　(1)　$x = \begin{pmatrix} x_1 \\ x_2 \end{pmatrix} = \begin{pmatrix} 4 \\ 3 \end{pmatrix}$、$k = \begin{pmatrix} k_1 \\ k_2 \end{pmatrix} = \begin{pmatrix} 3 \\ 1 \end{pmatrix}$ 訓練データ数は $N=2$ で

す。誤差は

$$x - k = \begin{pmatrix} x_1 \\ x_2 \end{pmatrix} - \begin{pmatrix} k_1 \\ k_2 \end{pmatrix} = \begin{pmatrix} 4 \\ 3 \end{pmatrix} - \begin{pmatrix} 3 \\ 1 \end{pmatrix} = \begin{pmatrix} 4-3 \\ 3-1 \end{pmatrix} \text{ より}$$

$$\begin{aligned} MSE &= \frac{1}{2} \sum_{n=1}^{2} (x_n - k_n)^2 \\ &= \frac{1}{2} \{ (x_1 - k_1)^2 + (x_2 - k_2)^2 \} \\ &= \frac{1}{2} \{ (4-3)^2 + (3-1)^2 \} \\ &= \frac{1}{2} \times 5 \\ &= \frac{5}{2} \end{aligned}$$

(2)　$x = \begin{pmatrix} x_1 \\ x_2 \\ x_3 \end{pmatrix} = \begin{pmatrix} 1 \\ 2 \\ 3 \end{pmatrix}$、$k = \begin{pmatrix} k_1 \\ k_2 \\ k_3 \end{pmatrix} = \begin{pmatrix} 2 \\ 1 \\ 4 \end{pmatrix}$ 訓練データ数は $N=3$ です。誤差は

$$x - k = \begin{pmatrix} x_1 \\ x_2 \\ x_3 \end{pmatrix} - \begin{pmatrix} k_1 \\ k_2 \\ k_3 \end{pmatrix} = \begin{pmatrix} 1 \\ 2 \\ 3 \end{pmatrix} - \begin{pmatrix} 2 \\ 1 \\ 4 \end{pmatrix} = \begin{pmatrix} 1-2 \\ 2-1 \\ 3-4 \end{pmatrix} \text{ より}$$

$$\begin{aligned} MSE &= \frac{1}{3} \sum_{n=1}^{3} (x_n - k_n)^2 \\ &= \frac{1}{3} \{ (x_1 - k_1)^2 + (x_2 - k_2)^2 + (x_3 - k_3)^2 \} \\ &= \frac{1}{3} \{ (1-2)^2 + (2-1)^2 + (3-4)^2 \} \\ &= \frac{1}{3} \times 3 \\ &= 1 \end{aligned}$$

1

A

例題 【図1】はニューラルネットワークを表した図である。出力値が、$y_1 = 0.8$、$y_2 = 0.3$ であり、目標値が $t_1 = 1$、$t_2 = 0$ であるときの平均二乗誤差の値を求めよ。

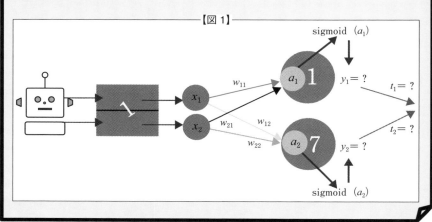

【図1】

解説&解答 問題が複雑そうに見えますが、出力値 $y_1 = 0.8$、$y_2 = 0.3$ から、

訓練データが $y_1 = 0.8$、$y_2 = 0.3$ 前問の書き方では $\begin{pmatrix} y_1 \\ y_2 \end{pmatrix} = \begin{pmatrix} 0.8 \\ 0.3 \end{pmatrix}$

目標値が $t_1 = 1$、$t_2 = 0$ 前問の書き方では $\begin{pmatrix} t_1 \\ t_2 \end{pmatrix} = \begin{pmatrix} 1 \\ 0 \end{pmatrix}$ なので、

前問と同じように解答できます。

$y_1 = 0.8$、$y_2 = 0.3$、$t_1 = 1$、$t_2 = 0$ 訓練データ数は $N = 2$ より

$$MSE = \frac{1}{2} \sum_{n=1}^{2} (y_n - t_n)^2$$

$$= \frac{1}{2} \{ (y_1 - t_1)^2 + (y_2 - t_2)^2 \}$$

$$= \frac{1}{2} \{ (0.8 - 1)^2 + (0.3 - 0)^2 \}$$

$$= \frac{1}{2} \times 0.13$$

$$= 0.065$$

誤差逆伝播法（バックプロパゲーション）

　機械学習には、誤差逆伝播法（バックプロパゲーション：Backpropagation）という手法があります。

　誤差逆伝播法は、教師あり学習などで行った出力結果が不正解の場合や期待する数値と離れている場合、その誤差を出力側から入力側に遡って、誤差を少なくする手法です。

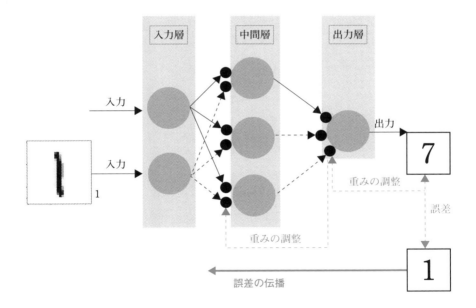

　例えば、1という正解ラベルを付けた数字の画像を読み込ませた際に、7という誤答が出力された場合、どのように間違えたのかを入力側に遡って分析しニューロンの重みなどの調整を行います。

例題 【図1】に示すネットワークの誤差逆伝播で、$\dfrac{dZ}{dw_1}$を求めよ。

$$Y = w_1 X$$

$$Z = w_2 Y$$

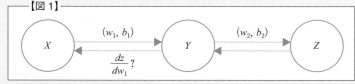

【図1】

解説＆解答 この例題では、第2章で詳しく学習する微分を利用します。Zをw_1で微分することが目的ですが、Zにはw_1がありません。$Y = w_1 X$よりw_1があるのはYなので、YをZに代入します。

$$Z = w_2 Y = w_2 w_1 Y \,(\,= w_1 w_2 X)$$

よって、$Z = w_1 w_2 X$をw_1で微分すると

$$\frac{dZ}{dw_1} = \frac{d}{dw_1}(w_1 w_2 X) = 1 w_2 X = w_2 X$$

なお、問われてはいませんが$\dfrac{dZ}{dw_2}$は$Z = w_2 Y$なので

$$\frac{dZ}{dw_2} = \frac{d}{dw_2}(w_2 Y) = 1 Y = Y$$

です。この問題は代入でスムーズに解けましたが、代入すると複雑な式になる場合もあります。その場合は連鎖律（chain rule）を用いていきます。具体的にZをw_1で微分した$\dfrac{dZ}{dw_1}$を求めるためには、ZをYで微分した$\dfrac{dZ}{dY}$と、Yをw_1で微分した$\dfrac{dY}{dw_1}$を計算し、掛け算することで約分のように考えることができます。

$Z = w_2 Y$をYで微分するときは、Yが変数で、w_2は定数扱いです。

$Y = w_1 X$をw_1で微分するときは、w_1が変数で、Xは定数扱いです。

$$\frac{dZ}{dw_1} = \frac{dZ}{dY}\frac{dY}{dw_1} = \frac{d}{dY}(w_2 Y) \times \frac{d}{dw_1}(w_1 X)$$

$$= (w_2 \times 1)(1 \times X) = w_2 X$$

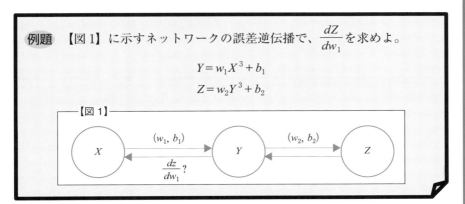

例題 【図1】に示すネットワークの誤差逆伝播で、$\frac{dZ}{dw_1}$ を求めよ。

$$Y = w_1 X^3 + b_1$$

$$Z = w_2 Y^3 + b_2$$

【図1】

$$(w_1, b_1) \qquad (w_2, b_2)$$

$$X \qquad Y \qquad Z$$

$$\frac{dz}{dw_1}?$$

解説＆解答　Z を w_1 で微分することが目的ですが、Z には w_1 がありません。$Y = w_1 X^3 + b_1$ より w_1 があるのは Y なので、連鎖律（chain rule）を用いていきます。

Z を w_1 で微分した $\frac{dZ}{dw_1}$ は、Z を Y で微分した $\frac{dZ}{dY}$ と Y を w_1 で微分した $\frac{dY}{dw_1}$ を計算し、掛け算します。

Z を Y で微分するときは、Y が変数です。w_2、b_2 は定数扱いなので、微分すると 0 です。Y を w_1 で微分するときは、w_1 が変数です。X、b_1 は定数扱いなので、微分すると 0 です。

$$\frac{dZ}{dw_1} = \frac{dZ}{dY}\frac{dY}{dw_1} = \frac{d}{dY}(w_2 Y^3 + b_2) \times \frac{d}{dw_1}(w_1 X^3 + b_1)$$

$$= (w_2 \times 3Y^2 + 0)(1 \times X^3 + 0)$$

$$= 3w_2 Y^2 \times X^3 = 3w_2 X^3 Y^2$$

解説＆解答　$Z = w_2 Y^3 + b_2$ に $Y = w_1 X^3 + b_1$ を代入してもよいです。

$$Z = w_2 Y^3 + b_2 = w_2(w_1 X^3 + b_1)^3 + b_2$$

$$\frac{dZ}{dw_1} = \frac{d}{dw_1}\{w_2(w_1X^3+b_1)^3+b_2\}$$

$$= 3w_2(w_1X^3+b_1)^2 \times (1 \times X^3 + 0) + 0$$

$$= 3w_2X^3(w_1X^3+b_1)^2$$

$$Y = w_1X^3 + b_1$$

$$= 3w_2X^3Y^2$$

例題 あるニューラルネットワークにおいて E を w で微分したものは (1) で表される。このとき次の問いに答えよ。ただし、$\odot$ はアダマール積を与える演算子とする。

$$(1) \quad \frac{\partial E}{\partial w} = \begin{bmatrix} \dfrac{\partial E}{\partial y_1}\dfrac{\partial y_1}{\partial a_1}\dfrac{\partial a_1}{\partial w_{11}} & \dfrac{\partial E}{\partial y_1}\dfrac{\partial y_1}{\partial a_1}\dfrac{\partial a_1}{\partial w_{21}} \\ \dfrac{\partial E}{\partial y_2}\dfrac{\partial y_2}{\partial a_2}\dfrac{\partial a_2}{\partial w_{12}} & \dfrac{\partial E}{\partial y_2}\dfrac{\partial y_1}{\partial a_2}\dfrac{\partial a_1}{\partial w_{22}} \end{bmatrix}$$

$$= \begin{bmatrix} w_{11} & w_{21} \\ w_{12} & w_{22} \end{bmatrix} - \underbrace{\left[\begin{bmatrix} y_1-t_1 \\ y_2-t_2 \end{bmatrix} \odot \begin{bmatrix} 1-\mathrm{sig}(a_1) \\ 1-\mathrm{sig}(a_2) \end{bmatrix} \odot \begin{bmatrix} \mathrm{sig}(a_1) \\ \mathrm{sig}(a_2) \end{bmatrix}\right]}_{\text{（あ）}} [x_1 x_2]$$

$$\left.\begin{matrix} \begin{bmatrix} y_1 \\ y_2 \end{bmatrix} = \begin{bmatrix} \mathrm{sig}(a_1) \\ \mathrm{sig}(a_2) \end{bmatrix} = \begin{bmatrix} 0.8 \\ 0.1 \end{bmatrix} \\ \begin{bmatrix} t_1 \\ t_2 \end{bmatrix} = \begin{bmatrix} 1 \\ 0 \end{bmatrix} \end{matrix}\right\}$$ であるとき、下線部（あ）の値を求めよ。

解説＆解答 問題文を見ると圧倒されますが、必要な計算は引き算と掛け算です。まず $\begin{bmatrix} y_1-t_1 \\ y_2-t_2 \end{bmatrix}$、$\begin{bmatrix} 1-\mathrm{sig}(a_1) \\ 1-\mathrm{sig}(a_2) \end{bmatrix}$、$\begin{bmatrix} \mathrm{sig}(a_1) \\ \mathrm{sig}(a_2) \end{bmatrix}$ を1つ1つ求めます。

問題文にあるアダマール積 $\odot$ は

$$\begin{bmatrix} 2 \\ 1 \end{bmatrix} \odot \begin{bmatrix} 3 \\ 4 \end{bmatrix} = \begin{bmatrix} 2 \times 3 \\ 1 \times 4 \end{bmatrix} = \begin{bmatrix} 6 \\ 4 \end{bmatrix}$$

のように成分を掛け算する方法です。詳しくは第2章で学習します。

$$\begin{bmatrix} y_1 \\ y_2 \end{bmatrix} = \begin{bmatrix} \mathrm{sig}(a_1) \\ \mathrm{sig}(a_2) \end{bmatrix} = \begin{bmatrix} 0.8 \\ 0.1 \end{bmatrix},\ \begin{bmatrix} t_1 \\ t_2 \end{bmatrix} = \begin{bmatrix} 1 \\ 0 \end{bmatrix}\ \text{より}\ \begin{bmatrix} y_1 - t_1 \\ y_2 - t_2 \end{bmatrix} = \begin{bmatrix} 0.8 - 1 \\ 0.1 - 0 \end{bmatrix} = \begin{bmatrix} -0.2 \\ 0.1 \end{bmatrix}$$

$$\begin{bmatrix} \mathrm{sig}(a_1) \\ \mathrm{sig}(a_2) \end{bmatrix} = \begin{bmatrix} 0.8 \\ 0.1 \end{bmatrix}\ \text{より}\ \begin{bmatrix} 1 - \mathrm{sig}(a_1) \\ 1 - \mathrm{sig}(a_2) \end{bmatrix} = \begin{bmatrix} 1 - 0.8 \\ 1 - 0.1 \end{bmatrix} = \begin{bmatrix} 0.2 \\ 0.9 \end{bmatrix}\ \text{なので}$$

$$\begin{bmatrix} y_1 - t_1 \\ y_2 - t_2 \end{bmatrix} \odot \begin{bmatrix} 1 - \mathrm{sig}(a_1) \\ 1 - \mathrm{sig}(a_2) \end{bmatrix} \odot \begin{bmatrix} \mathrm{sig}(a_1) \\ \mathrm{sig}(a_2) \end{bmatrix}$$

$$= \begin{bmatrix} -0.2 \\ 0.1 \end{bmatrix} \odot \begin{bmatrix} 0.2 \\ 0.9 \end{bmatrix} \odot \begin{bmatrix} 0.8 \\ 0.1 \end{bmatrix} = \begin{bmatrix} -0.2 \times 0.2 \times 0.8 \\ 0.1 \times 0.9 \times 0.1 \end{bmatrix} = \begin{bmatrix} -0.032 \\ 0.009 \end{bmatrix}$$

1

A
I

章 末 問 題

問題 1　図 1 はニューロンを用いた順伝播の処理を図示している。入力値 x_1、x_2、重み w_{11}、w_{12}、w_{21}、w_{22}、が下記に示された値を取るとき、出力値 a_2 の値として正しい選択肢を選べ。

【図 1】

入力値　$x_1 = 10$、$x_2 = 7$

重み　$w_{11} = 7$、$w_{12} = 3$

　　　$w_{21} = 4$、$w_{22} = 2$

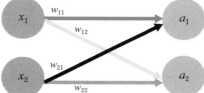

　　　1　140　　　　2　44　　　　3　20　　　　4　73

解　説　a_2 を中心に図 1 を見ると

$a_2 = x_1 \times w_{12} + x_2 \times w_{22}$

　　$= 10 \times 3 + 7 \times 2$

　　$= 30 + 14$

　　$= 44$

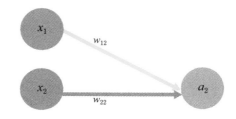

よって、正答は $\underline{2}$。

1
A
I

問題2 図1はニューロンを用いた順伝播の処理を図示している。入力値 x_1、x_2、x_3、重み w_{11}、w_{12}、w_{13}、w_{21}、w_{22}、w_{23}、w_{31}、w_{32}、w_{33} が下記に示された値を取るとき、出力値 a_3 の値として正しい選択肢を選べ。

【図1】

入力値

$x_1 = 6$、$x_2 = 9$、$x_3 = 5$

重み

$w_{11} = 3$、$w_{12} = 4$、$w_{12} = 3$、

$w_{21} = 5$、$w_{22} = 8$、$w_{23} = 1$

$w_{31} = 1$、$w_{32} = 7$、$w_{33} = 2$

| 1 | 630 | 2 | 1620 | 3 | 29 | 4 | 37 |

解説 a_3 を中心に図1を見ると

$$a_3 = x_1 \times w_{13} + x_2 \times w_{23} + x_3 \times w_{33}$$
$$= 6 \times 3 + 9 \times 1 + 5 \times 2$$
$$= 18 + 9 + 10$$
$$= 37$$

よって、正答は 4。

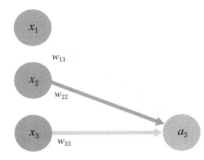

シグモイド関数について、a_1 のほうが a_2 より大きいときに（あ）と（い）の組合せとして考えられる選択肢を選べ。

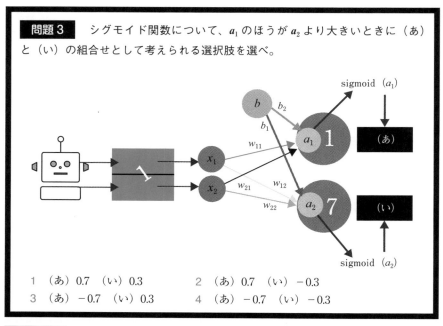

1 （あ）0.7 （い）0.3

2 （あ）0.7 （い）－0.3

3 （あ）－0.7 （い）0.3

4 （あ）－0.7 （い）－0.3

解　説 シグモイド関数は、次の式で表されます。グラフ等は第3章で紹介します。

$$y = \frac{1}{1 + e^{-ax}}$$

シグモイド関数の出力値は正の値しかとりません。

そのため、選択肢の中から（あ）と（い）が共に正の値となるものを探すと求めることができます。

よって、正答は <u>1</u>。

問題 4 あるニューラルネットワークにおいて E を w で微分したものは（1）で表される。このとき次の問いに答えよ。ただし、$\odot$ はアダマール積を与える演算子とする。

$$\frac{\partial E}{\partial w} = \begin{bmatrix} \dfrac{\partial E}{\partial y_1}\dfrac{\partial y_1}{\partial a_1}\dfrac{\partial a_1}{\partial w_{11}} & \dfrac{\partial E}{\partial y_1}\dfrac{\partial y_1}{\partial a_1}\dfrac{\partial a_1}{\partial w_{21}} \\ \dfrac{\partial E}{\partial y_2}\dfrac{\partial y_2}{\partial a_2}\dfrac{\partial a_2}{\partial w_{12}} & \dfrac{\partial E}{\partial y_2}\dfrac{\partial y_2}{\partial a_2}\dfrac{\partial a_2}{\partial w_{22}} \end{bmatrix} \cdots\cdots (1)$$

$$= \begin{bmatrix} w_{11} & w_{21} \\ w_{12} & w_{22} \end{bmatrix} - \underbrace{\left[\begin{bmatrix} y_1 - t_1 \\ y_2 - t_2 \end{bmatrix} \odot \begin{bmatrix} 1 - \text{sig}(a_1) \\ 1 - \text{sig}(a_2) \end{bmatrix} \odot \begin{bmatrix} \text{sig}(a_1) \\ \text{sig}(a_2) \end{bmatrix} \right]}_{(あ)} [x_1 x_2]$$

$$\left.\begin{array}{l} \begin{bmatrix} y_1 \\ y_2 \end{bmatrix} = \begin{bmatrix} \text{sig}(a_1) \\ \text{sig}(a_2) \end{bmatrix} = \begin{bmatrix} 0.7 \\ 0.4 \end{bmatrix} \\[12pt] \begin{bmatrix} t_1 \\ t_2 \end{bmatrix} = \begin{bmatrix} 1 \\ 0 \end{bmatrix} \end{array}\right\}$$ であるとき、（あ）の値はどれになるか。

1 $\begin{bmatrix} -0.063 \\ 0.069 \end{bmatrix}$　　　2 $\begin{bmatrix} -0.063 \\ 0.096 \end{bmatrix}$　　　3 $\begin{bmatrix} -0.036 \\ 0.069 \end{bmatrix}$　　　4 $\begin{bmatrix} -0.036 \\ 0.096 \end{bmatrix}$

解説 $\begin{bmatrix} y_1 - t_1 \\ y_2 - t_2 \end{bmatrix}$、$\begin{bmatrix} 1 - \text{sig}(a_1) \\ 1 - \text{sig}(a_2) \end{bmatrix}$、$\begin{bmatrix} \text{sig}(a_1) \\ \text{sig}(a_2) \end{bmatrix}$ を 1 つ 1 つ求めます。

アダマール積 $\odot$ は、成分ごとの掛け算でした。

$$\begin{bmatrix} y_1 \\ y_2 \end{bmatrix} = \begin{bmatrix} \text{sig}(a_1) \\ \text{sig}(a_2) \end{bmatrix} = \begin{bmatrix} 0.7 \\ 0.4 \end{bmatrix}, \begin{bmatrix} t_1 \\ t_2 \end{bmatrix} = \begin{bmatrix} 1 \\ 0 \end{bmatrix} \text{より} \begin{bmatrix} y_1 - t_1 \\ y_2 - t_2 \end{bmatrix} = \begin{bmatrix} 0.7 - 1 \\ 0.4 - 0 \end{bmatrix} = \begin{bmatrix} -0.3 \\ 0.4 \end{bmatrix}$$

$$\begin{bmatrix} \text{sig}(a_1) \\ \text{sig}(a_2) \end{bmatrix} = \begin{bmatrix} 0.7 \\ 0.4 \end{bmatrix} \text{より} \begin{bmatrix} 1 - \text{sig}(a_1) \\ 1 - \text{sig}(a_2) \end{bmatrix} = \begin{bmatrix} 1 - 0.7 \\ 1 - 0.4 \end{bmatrix} = \begin{bmatrix} 0.3 \\ 0.6 \end{bmatrix} \text{なので}$$

$$\begin{bmatrix} y_1 - t_1 \\ y_2 - t_2 \end{bmatrix} \odot \begin{bmatrix} 1 - \text{sig}(a_1) \\ 1 - \text{sig}(a_2) \end{bmatrix} \odot \begin{bmatrix} \text{sig}(a_1) \\ \text{sig}(a_2) \end{bmatrix}$$

$$= \begin{bmatrix} -0.3 \\ 0.4 \end{bmatrix} \odot \begin{bmatrix} 0.3 \\ 0.6 \end{bmatrix} \odot \begin{bmatrix} 0.7 \\ 0.4 \end{bmatrix} = \begin{bmatrix} -0.3 \times 0.3 \times 0.7 \\ 0.4 \times 0.6 \times 0.4 \end{bmatrix} = \begin{bmatrix} -0.063 \\ 0.096 \end{bmatrix}$$

よって、正答は 2。

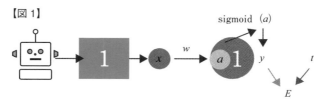
解説　1つ1つ追っていきましょう。E を w で微分した値を求めますが、E の式には w が直接見当たらないので、連鎖律（chain rule）を使う問題と考えて進めていきます。まず w を探すと「$a = w \times x$」があります。次に a を探すと「$y = \mathrm{sigmoid}(a)$」があります。次に、y を探すと「$E = \dfrac{1}{2}(y-t)^2$」があるので、逆にたどります。

つまり、E を w で微分した $\dfrac{dE}{dw}$ は、E を y で微分した $\dfrac{dE}{dy}$、y を a で微分した $\dfrac{dy}{da}$、a を w で微分した $\dfrac{da}{dw}$ を計算し、掛け算します。

$$\frac{dE}{dw} = \frac{dE}{dy}\frac{dy}{da}\frac{da}{dw} = -0.2 \times 0.16 \times 0.5 = -0.016$$

よって、正答は <u>1</u>。

問題6 図1のようなニューラルネットワークの順伝播を考える。

x_1、x_2 を入力値、w_{11}、w_{12}、w_{21}、w_{22} を重み、b をバイアス項としたとき、a_1 が（1）式のように表される。このとき、次の空欄（あ）に当てはまる選択肢を選べ。

$$a_1 = w_{11}x_1 + w_{21}x_2 + b \cdots (1)$$

$$\frac{\partial a_1}{\partial w_{21}} = \boxed{（あ）}$$

【図1】

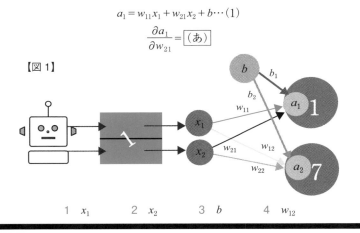

1　x_1　　2　x_2　　3　b　　4　w_{12}

解説 w_{21} で偏微分するので、w_{21} は変数扱いです。w_{11}、x_1、b は定数扱いなので、偏微分すると0です。

$$\frac{\partial a_1}{\partial w_{21}} = \frac{\partial}{\partial w_{21}} = (w_{11}x_1 + w_{21}x_2 + b) = 0 + 1 \times x_2 + 0 = x_2$$

よって、正答は 2。

問題7 平均二乗誤差を表す関数として正しい選択肢を選べ。

ただし、N は訓練データ数、x_n は n 番目の訓練データの出力値、k_n は n 番目の訓練データの目的値とする。

1　$\frac{1}{N}\sum_{n=1}^{N}(x_n - k_n)$　　　　2　$\frac{1}{N}\sum_{n=1}^{N}(x_n - k_n)^{-1}$

3　$\frac{1}{N}\sum_{n=1}^{N}(x_n - k_n)^{\frac{1}{2}}$　　　　4　$\frac{1}{N}\sum_{n=1}^{N}(x_n - k_n)^2$

解説 平均「二乗」誤差なので「二乗」を探せばよい。よって、正答は 4。

問題8　以下に示す出力 x と目的値 k の平均二乗誤差として正しい選択肢を選べ。

$$x = \begin{pmatrix} 3 \\ 4 \end{pmatrix}, \quad k = \begin{pmatrix} 2 \\ 1 \end{pmatrix}$$

1　1　　　　2　3　　　　3　5　　　　4　10

解　説　$x = \begin{pmatrix} x_1 \\ x_2 \end{pmatrix} = \begin{pmatrix} 3 \\ 4 \end{pmatrix}$、$k = \begin{pmatrix} k_1 \\ k_2 \end{pmatrix} = \begin{pmatrix} 2 \\ 1 \end{pmatrix}$ 訓練データ数は $N = 2$ より

$$MSE = \frac{1}{2}\sum_{n=1}^{2}(x_n - k_n)^2 = \frac{1}{2}\{(x_1 - k_1)^2 + (x_2 - k_2)^2\}$$

$$= \frac{1}{2}\{(3-2)^2 + (4-1)^2\} = \frac{1}{2} \times 10 = 5$$

よって、正答は 3。

問題9　図1はニューラルネットワークを表した図である。出力値が、$y_1 = 0.9$、$y_2 = 0.1$ であり、目標値が $t_1 = 1$、$t_2 = 0$ であるときの平均二乗誤差の値はどれか。

【図1】

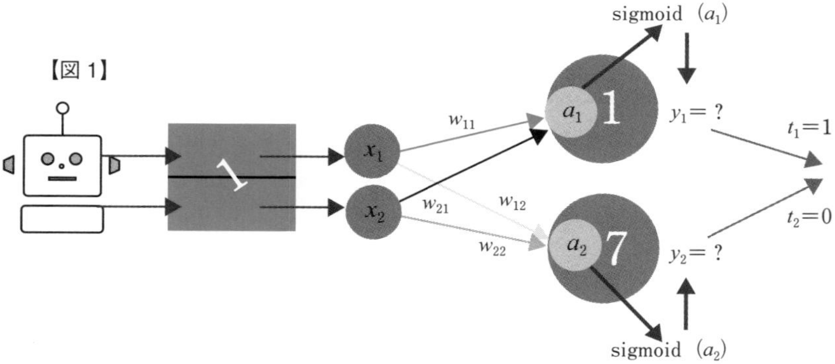

1　0.2　　　　2　0.02　　　　3　0.1　　　　4　0.01

解説 $y_1 = 0.9$、$y_2 = 0.1$、$t_1 = 1$、$t_2 = 0$ 訓練データ数は $N = 2$ より

$$MSE = \frac{1}{2}\sum_{n=1}^{2}(y_n - t_n)^2 = \frac{1}{2}\{(y_1 - t_1)^2 + (y_2 - t_2)^2\}$$

$$= \frac{1}{2}\{(0.9 - 1)^2 + (0.1 - 0)^2\} = \frac{1}{2} \times 0.02$$

$$= 0.01$$

よって、<u>正答は 4</u>。

1

A
I

問題10 図1に示すネットワークの誤差逆伝播で、$\dfrac{dZ}{dw_1}$ として正しい選択肢を選べ。

$$Y = w_1 X + b_1$$
$$Z = w_2 Y + b_2$$

【図1】

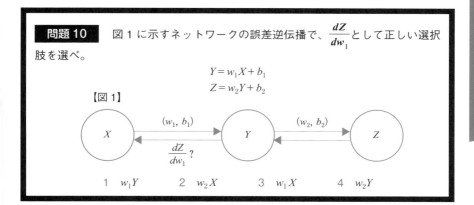

1 $w_1 Y$　　　2 $w_2 X$　　　3 $w_1 X$　　　4 $w_2 Y$

解説 Z を w_1 で微分することが目的ですが、Z には w_1 がありません。

$Y = w_1 X^3 + b_1$ より w_1 があるのは Y なので、連鎖律 (chain rule) を用いていきます。

Z を w_1 で微分した $\dfrac{dZ}{dw_1}$ は、Z を Y で微分した $\dfrac{dZ}{dY}$、Y を w_1 で微分した $\dfrac{dZ}{dw_1}$ を計算し、掛け算します。

Z を Y で微分するときは、Y が変数です。w_2、b_2 は定数扱いなので、微分すると 0 です。Y を w_1 で微分するときは、w_1 が変数です。X、b_1 は定数扱いなので、微分すると 0 です。

$$\frac{dZ}{dw_1} = \frac{dZ}{dY}\frac{dZ}{dw_1} = \frac{d}{dY}(w_2 Y + b_2) \times \frac{d}{dw_1}(w_1 X + b_1)$$

$$= (w_2 \times 1 + 0)(1 \times X + 0)$$

$$= w_2 X$$

よって、<u>正答は 2</u>。

別　解　Z を Y に代入する方法もあります。

まず $Y = w_1 X + b_1$ を $Z = w_2 X + b_2$ に代入しましょう。

$$Z = w_2 X + b_2 = w_2(w_1 X + b_1) + b_2 = w_1 w_2 X + w_2 b_1 + b_2$$

w_1 で微分すると

$$\frac{dZ}{dw_1} = \frac{d}{dw_1}(w_1 w_2 X + w_2 b_1 + b_2)$$

$$= 1 \times w_2 X + 0 + 0 = w_2 X$$

よって、正答は 2。

問題11　図1に示すネットワークの誤差逆伝播で、$\dfrac{dZ}{dw_1}$ として正しい選択肢を選べ。

$$Y = w_1 X^2 + b_1$$
$$Z = w_2 Y^2 + b_2$$

【図1】

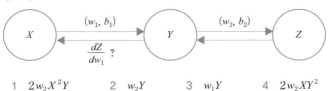

1　$2w_2 X^2 Y$　　　2　$w_2 Y$　　　3　$w_1 Y$　　　4　$2w_2 XY^2$

解　説　前問と同じように連鎖律（chain rule）を利用します。

$$\frac{dZ}{dw_1} = \frac{dZ}{dY}\frac{dY}{dw_1} = \frac{d}{dY}(w_2 Y^2 + b_2) \times \frac{d}{dw_1}(w_1 X^2 + b_1)$$

$$= (w_2 \times 2Y + 0)(1 \times X^2 + 0)$$

$$= 2w_2 Y \times X^2 = 2w_2 X^2 Y$$

よって、正答は 1。

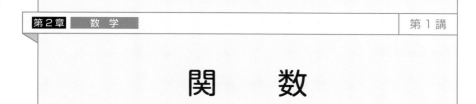

関　　数

AIで必要となる数学の用語を概観します。

まずは定数と変数です。定数は、私たちが普段扱う1、2、3…のような数字のことで、一定の値のものです。

変数は一定の値ではなく様々な値をとり、x、y、z、tなどの文字がよく用いられます。

中学・高校数学で$y=x+3$や$y=2x$のようにxとyなどの変数を含む式を見たことがあると思いますが、これが関数の具体例です。関数はAI（特にディープラーニング）やプログラミングなどを理解するために必須ですので、まずはイメージから見ていきましょう。

関数はあるもの（x）とあるもの（y）を結びつける対応関係のことをいいます。一般にPythonなどプログラミング言語は、入力にx、出力にyを用います。

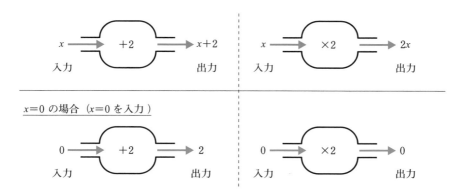

$y=2x$などのように変数x^1（x^1の1は普通省略してxとします）がある関数を1次関数といいます。1次とはxの右上にある数字が最大1であることを示しています。$y=2x^2$などは2次関数、$y=x^3$などは、3次関数です。

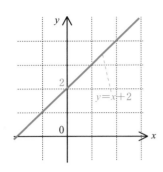 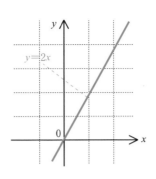 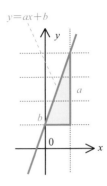

　1次関数は、中学校の教科書では$y=ax+b$と一般化された形で記述されています。aは傾き、bは（y）切片とよばていますが、プログラミングではまとめてパラメータとよびます。

　AI（人工知能）、特にディープラーニングでは、変数を変えながら良い結果になるようにパラメータを調整していくことが多くあります。例えば左下図の分布を直線で予想することを回帰といいますが、条件のいいパラメータ（aとbの値）を見つけることを回帰分析といいます。

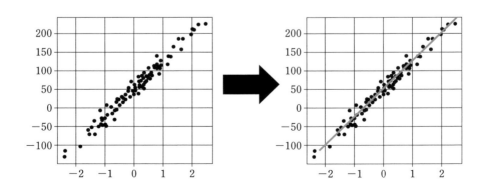

極限とは何か？

本講から AI（人工知能）で必須となる微分を学習していきます。微分の学習には極限の知識が必要となるので確認していきましょう。

極限は、極端な値を表現するためのツールです。具体的には

> 限りなく数が大きい状態を表す正の無限大　$+\infty$、負の無限大　$-\infty$
> 限りなく0に近い　0.00000000……………1 のような数を表す無限小

などを数学の式として表すのが極限です。例えば次のグラフを考えてみます。

このグラフは $y=x-1$ とほぼ同じですが、白丸の値は取ることができないので $x=2$ のとき $y=1$ とはできません。

この状態を表現するのが極限です。実際に右グラフの式を表すと

$$y=\frac{x^2-3x+2}{x-2}$$

となるので、このとき

$x=2$ とすると、$y=\dfrac{0}{0}$ となります。

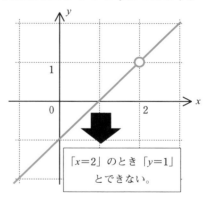

「$x=2$」のとき「$y=1$」とできない。

この $\dfrac{0}{0}$ は不定形といい、値が定まっていない状態です。

なお、$\dfrac{0}{0}$ は値がわからない状態であり、偶然0になることもありますが、一般的に0ではないので注意しましょう。

「$x=2$ のとき」とはできないので「x が2に近づくとき」として「$\lim\limits_{x\to 2}$」を用いて表します。そのため「$x=2$ のとき $y=1$」は、「x が2に近づくとき、y が1に近づく」とし「$\lim\limits_{x\to 2} y=1$」と表現します。

計算方法は「→の右にある数値を代入」するだけですが、不定形になった場合は、因数分解などして約分してから、「→の右にある数値を代入」します。

例題　次式で与えられる分数関数の極限値を求めよ。

$$(1)\ \lim_{x \to 2}(x-1) \qquad (2)\ \lim_{x \to 2}\frac{x^2-3x+2}{x-2}$$

解説＆解答　「$x \to 2$」→の右にある 2 を x に代入します。

(1)　$\displaystyle \lim_{x \to 2}(x-1)=(2-1)=1$

(2)　(1) と同じように代入すると

$$\lim_{x \to 2}\frac{x^2-3x+2}{x-2}=\frac{2^2-3\times 2+2}{2-2}=\boxed{\frac{0}{0}} \longleftarrow \quad 不定形$$

$\dfrac{0}{0}$ つまり不定形なので、因数分解などの式変形をして、約分した後に再度 2 を x に代入します。分子の x^2-3x+2 を因数分解すると $(x-2)(x-1)$ なので

$$\lim_{x \to 2}\frac{x^2-3x+2}{x-2}=\lim_{x \to 2}\frac{(x-2)(x-1)}{x-2}=\lim_{x \to 2}(x-1)=(2-1)=1$$

例題　次式で与えられる分数関数の極限値を求めよ。

$$(1)\ \lim_{x \to 1}\frac{x+4}{x+3} \qquad (2)\ \lim_{x \to 1}\frac{x^2+3x-4}{x^2+2x-3}$$

解説＆解答　(1)「$x \to 1$」→の右にある 1 を x に代入します。

$$\lim_{x \to 1}\frac{x+4}{x+3}=\frac{1+4}{1+3}=\frac{5}{4}$$

(2)　(1) と同じように、「$x \to 1$」→の右にある 1 を x に代入すると

$$\lim_{x \to 1} \frac{x^2 - 3x + 2}{x^2 + 2x - 3} = \frac{1^2 + 3 \times 1 - 4}{1^2 + 2 \times 1 - 3} = \boxed{\frac{0}{0}} \longleftarrow \text{不定形}$$

より不定形なので、分子分母を因数分解して約分した後に代入すると

$$\lim_{x \to 1} \frac{x^2 + 3x - 4}{x^2 + 2x - 3} = \lim_{x \to 1} \frac{(x-1)(x+4)}{(x-1)(x+3)} = \lim_{x \to 1} \frac{x+4}{x+3} = \frac{1+4}{1+3} = \frac{5}{4}$$

2

数
学

例題　次式で与えられる分数関数の極限値を求めよ。

$$\lim_{x \to 0} \frac{\cos(x)}{1-x}$$

解説＆解答　「$x \to 0$」→の右にある 0 を x に代入します。

$$\lim_{x \to 0} \frac{\cos(x)}{1-x} = \frac{\cos 0}{1-0} = \frac{1}{1} = 1$$

微分とは何か？

　微分はニューラルネットワークなどで使われます。特に、求める値と現実の値の差を考えた誤差関数の最小値を求める勾配降下法などで利用します。

　微分というと「接線の傾き」と習った人もいると思います。接線の傾きとして微分をとらえることも大切ですが、まずはイメージを押さえましょう。関数 $f(x)$ の微分の定義式は次の通りです。

微分の定義

$$\frac{d}{dx}f(x) = f'(x) = \lim_{\Delta x \to 0} \frac{f(x+\Delta x)-f(x)}{\Delta x}$$

　微分の記号は、ライプニッツによる $\frac{d}{dx}$、ラグランジュによる $'$ があります。Δx は、差（引いた値）を表しています。

　微分の定義式で最も大事なのは、分数の傍線です。分数は割り算の別の表し方で、lim の右にある式は

$$\frac{f(x+\Delta x)-f(x)}{\Delta x} = \{f(x+\Delta x)-f(x)\} \div \Delta x$$

$$\underbrace{}_{\text{割られる数}} \quad \underbrace{}_{\text{割る数}}$$

と割り算で表すことができます。つまり、定義式から微分は割り算であることがわかります。

　ではなぜ「割り算」を特別に「微分」というのか疑問を持つ人もいると思います。その理由は、分母の「Δx」と「lim」の下に書いてある「$\Delta x \to 0$」にあります。「$\Delta x \to 0$」は、Δx が 0 に近づいていくことなので

$$\Delta x = 0.00000000000000000000 \cdots\cdots\cdots\cdots 1$$

のように 0 に限りなく近づいた無限小の値です。つまり、微分は割る数（Δx）

が０に限りなく近い割り算なのです。微分の定義を用いると、次の公式が導出されます。

$y = x^n$ のとき、y の微分 $\dfrac{dy}{dx}$ もしくは y' は

$$\frac{dy}{dx} = nx^{n-1}$$

例題　次の関数の導関数を求めよ。

(1) $y = x^3$　　(2) $y = x^2$　　(3) $y = x$　　(4) $y = 2$

解説＆解答　公式に従って１つ１つ解いていきましょう。

(1)　公式で「$n = 3$」とします。

$$\frac{dy}{dx} = 3x^{3-1} = 3x^2$$

(2)　公式で「$n = 2$」とします。x^1 は、x と同じです。

$$\frac{dy}{dx} = 2x^{2-1} = 2x^1 = 2x$$

(3)　公式で「$n = 1$」とします。x^0 は、１と同じです。

$$\frac{dy}{dx} = 1x^{1-1} = 1x^0 = 1$$

なお、微分は「接線の傾き」を表しますが、$y = x$ は常に傾きが１なので、微分した結果 $\dfrac{dy}{dx}$ も１になります。

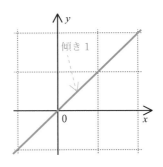

傾き1

（4）$y=2$ も公式に当てはめて考えてもいいです
が、$y=2$ は、右図の通り常に傾き0の直線なの
で微分した結果も0。

つまり $\dfrac{dy}{dx}=0$ とわかります。

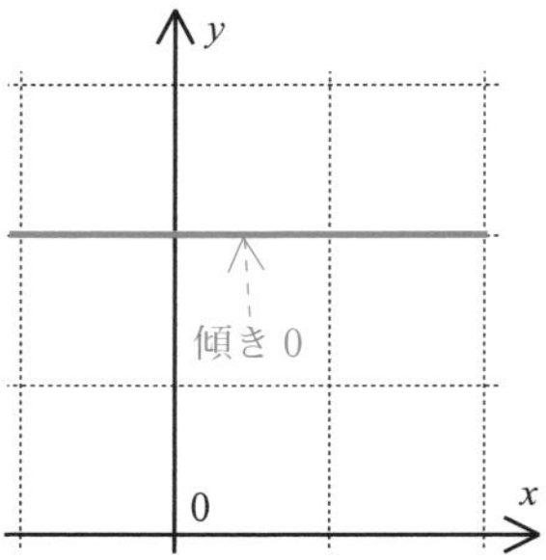

傾き 0

| $y=$ 定数　のとき　　$\dfrac{dy}{dx}=0$ |

例題　次の関数の導関数 $\dfrac{dy}{dx}$ を求めよ。

$$y=3x^3+2x^2-x+1$$

解説＆解答　$y=3x^3+2x^2-x+1$ を $3x^3$、$2x^2$、$-x$、1 と分けて微分していき
ます。

$$\frac{dy}{dx}=\frac{d}{dx}(3x^3+2x^2-x+1)$$
$$=3\times3x^2+2\times2x-1+0$$
$$=9x^2+4x-1$$

合成関数の微分・連鎖律 (chain rule)

今までシンプルな関数を微分してきましたが、$y=(3x^2-1)^{20}$ のように関数に関数が合成されて複雑になったものを微分することが多いです。$y=(3x^2-1)^{20}$ を展開する方法もありますが大変です。

そこで活用するのが合成関数の微分で、連鎖律（chain rule）ともいわれます。合成関数の微分の公式は

$y=f(g(x))$ のとき、$u=g(x)$ とおくと

$$\begin{cases} y=f(u) \\ u=g(x) \end{cases} \qquad \frac{dy}{dx}=\frac{dy}{du}\times\frac{du}{dx}$$

合成関数の微分を $y=(3x^2-1)^{20}$ を通して1つ1つ見ていきましょう。
$(3x^2-1)^{20}$ が $f(g(x))$ に、（　）の中の $3x^2-1$ が $g(x)$ にあたります。
$u=3x^2-1$ と置くと $y=(3x^2-1)^{20}=u^{20}$ です。

$\dfrac{dy}{dx}=\dfrac{dy}{du}\times\dfrac{du}{dx}$ より、$\dfrac{dy}{du}$ と $\dfrac{du}{dx}$ を求めます。

$y=u^{20}$ から $\dfrac{dy}{du}$ が求まり、$u=3x^2-1$ から $\dfrac{du}{dx}$ が求まります。

$$\frac{dy}{du}=\frac{d}{du}(u^{20})=20u^{19}=20(3x^2-1)^{19}$$

$$\frac{du}{dx}=\frac{d}{dx}(3x^2-1)=3\times 2x=6x$$

これらの結果から

$$\frac{dy}{dx}=\frac{dy}{du}\times\frac{du}{dx}=20(3x^2-1)^{19}\times 6x=120x(3x^2-1)^{19}$$

指数・対数・三角関数の微分

　指数関数で頻繁に使うのは、ネイピア数 e とよばれる 2.718281828… と続く数を用いた場合です。ネイピア数を使った指数関数 e^x の微分や積分は、結果がきれいな形となっています。微分を確認すると

$$y = e^x \quad \text{のとき} \quad \frac{dy}{dx} = e^x$$

　つまり $(e^x)' = e^x$ で、微分しても e^x の結果が変わりません。

例題　$y = e^{x^3}$ を x で微分せよ。

解説＆解答　合成関数の微分 $\dfrac{dy}{dx} = \dfrac{dy}{du} \times \dfrac{du}{dx}$ を利用します。

　$x^3 = u$ と置くと、$y = e^{x^3}$ は $\begin{cases} y = e^u \\ u = x^3 \end{cases}$ y を u で微分し、u を x で微分して

$$\begin{cases} y = e^u \\ u = x^3 \end{cases} \begin{cases} \dfrac{dy}{du} = \dfrac{d}{du}(e^u) = e^u = e^{x^3} \\ \dfrac{du}{dx} = \dfrac{d}{dx}(x^3) = 3x^2 \end{cases}$$

$$\frac{dy}{dx} = \frac{dy}{du} \times \frac{dy}{dx} = e^{x^3} \times 3x^2 = 3x^2 e^{x^3}$$

　対数関数でも頻繁に使うのは、ネイピア数 e を用いた $\log_e x$ です。$\log_e x$ の e は省略して、$\log x$ とすることが多いです。対数関数の微分は、次の通りです。

$$y = \log x \qquad \text{のとき} \quad \frac{dy}{dx} = \frac{1}{x}$$

$$y = \log \boxed{} \qquad \text{のとき} \quad \frac{dy}{dx} = \frac{1}{\boxed{}} \times \frac{d}{dx}\boxed{}$$

微分の記号 ′ を使って簡易的な形にすると、次の通りです。

$$(\log x)' = \frac{1}{x} \qquad (\log \boxed{})' = \frac{\boxed{}'}{\boxed{}}$$

例題　$f(x) = \log x^3$ を x で微分せよ。

解説＆解答　$(\log \boxed{})' = \dfrac{\boxed{}'}{\boxed{}}$ を利用します。

$$f'(x) = \frac{(x^3)'}{x^3} = \frac{3x^2}{x^3} = \frac{3}{x}$$

解説＆別解　$f(x) = \log x^3 = 3\log x$ と式変形してから求めます。

$$f'(x) = 3 \times \frac{1}{x} = \frac{3}{x}$$

　ここまでは、変数が x のみである 1 変数関数の微分を見てきました。ここからは、$f(x, y) = x^2 y^3$ のように変数が x のみではなく、x、y のように 2 つ以上ある微分について見ていきます。$f(x, y) = x^2 y^3$ を微分する場合、x で微分する場合と y で微分する場合では意味も結果も変わります。x で微分するとき、y を定数（数字）とみなし、逆に y で微分するとき、x を定数とみなして計算します。

$$x^2 y^3 \xrightarrow{\;x\text{で微分}\;} 2x^1 y^3 = 2x y^3$$
$$x^2 y^3 \xrightarrow{\;y\text{で微分}\;} x^2 \times 3y^2 = 3x^2 y^2$$

なお、この例のように変数が2つ以上あるときの微分を偏微分といいます。偏微分の記号は ∂（ラウンドディー）を使います。先ほどの例 $f(x, y) = x^2y^3$ の x 及び y について、偏微分を ∂ を使って表すと次の通りです。

$$\frac{\partial}{\partial x} f(x, y) = \frac{\partial}{\partial x}(x^2y^3) = 2x \times y^3 = 2xy^3$$

$$\frac{\partial}{\partial y} f(x, y) = \frac{\partial}{\partial y}(x^2y^3) = x^2 \times 3y^2 = 3x^2y^2$$

例題 次の2変数関数 $f(x, y)$ を x 及び y についてそれぞれ偏微分せよ。

(1) $f(x, y) = 3x^2 + x - 5y^3 - y^2$

(2) $f(x, y) = x^3y^3 + 2x^2y + y^2 + 3$

解説＆解答 (1) x について偏微分するので、y を定数とみなします。

$$\frac{\partial}{\partial x} f(x, y) = \frac{\partial}{\partial x}(3x^2 + x - 5y^3 - y^2)$$

$$= 3 \times 2x + 1 - 0 - 0 = 6x + 1$$

y について偏微分するので、x を定数とみなします。

$$\frac{\partial}{\partial y} f(x, y) = \frac{\partial}{\partial y}(3x^2 + x - 5y^3 - y^2)$$

$$= 0 + 0 - 5 \times 3y^2 - 2y = -15y^2 - 2y$$

(2) x について偏微分するので、y を定数とみなします。

$$\frac{\partial}{\partial x} f(x, y) = \frac{\partial}{\partial x}(x^3y^3 + 2x^2y + y^2 + 3)$$

$$= 3x^2 \times y^3 + 2 \times 2x \times y + 0 = 3x^2y^3 + 4xy$$

y について偏微分するので、x を定数とみなします。

$$\frac{\partial}{\partial y} f(x, y) = \frac{\partial}{\partial y}(x^3y^3 + 2x^2y + y^2 + 3)$$

$$= x^3 \times 3y^2 + 2x^2 \times 1 + 2y + 0$$

$$= 3x^3y^2 + 2x^2 + 2y$$

ベクトルとは何か？

　様々な数を一度に扱って効率よくしたい場合があります。そのときに用いられるのがベクトルです。

　ベクトルとは、向きと大きさを持つ量のことです。下図のような矢印がある線分で表され、矢印の向きがベクトルの向きを、矢印の長さがベクトルの大きさを表します。矢印のない点（下図の点O）を始点、矢印のある点（下図の点A）を終点といいます。

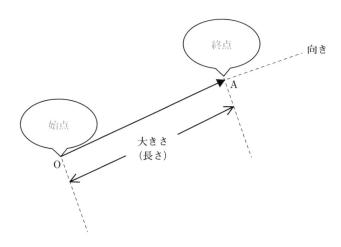

　このベクトルを OA（もしくは $\overrightarrow{OA}$）と表します。他に a（もしくは $\vec{a}$）と1文字で表すこともあります。

　ベクトルは向きと大きさが同じならば、矢印の位置がどこであっても同じです。次頁の図のような平行四辺形 ABCD があるとき

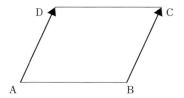

AD と BC は同じ向きで、同じ大きさとなるので $AD = BC$ です。AB と DC も同じ向きで、同じ大きさとなるので $AB = DC$ です。

ベクトルを表す方法は、上記のように文字を使う方法と、具体的な数値を用いて表す方法があります。例えば、下図にあるベクトルを表すと

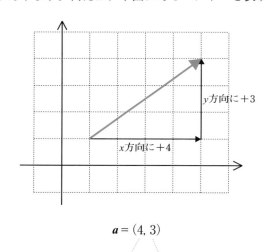

$$\boldsymbol{a} = (4, 3)$$

x 成分　y 成分

となります。座標に似ていますが、ベクトルでは座標とはよばず成分とよびます。x 座標、y 座標にあたる部分を x 成分、y 成分とよびます。後で確認しますが、成分は座標よりも拡張した表し方ができます。上記のように横で書くと数が多くなった場合に把握しづらいため、縦に書くことが多いです。座標は縦に書けませんが、成分は下記のように縦で表すこともできます。

$$\boldsymbol{a} = \begin{pmatrix} 4 \\ 3 \end{pmatrix} \cdots\cdots \begin{matrix} x \text{ 成分} \\ y \text{ 成分} \end{matrix} \qquad a = \begin{pmatrix} 1 \\ 2 \\ 3 \end{pmatrix} \cdots\cdots \begin{matrix} x \text{ 成分} \\ y \text{ 成分} \\ z \text{ 成分} \end{matrix}$$

和・差・実数倍

ベクトルの足し算は、対応する成分を足し算します。

$$\begin{pmatrix}1\\2\end{pmatrix} + \begin{pmatrix}4\\1\end{pmatrix} = \begin{pmatrix}1+4\\2+1\end{pmatrix} = \begin{pmatrix}5\\3\end{pmatrix}$$

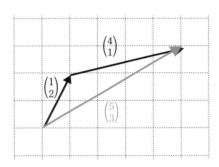

引き算の計算方法も同じで、対応する成分を引き算します。

$$\begin{pmatrix}1\\2\end{pmatrix} - \begin{pmatrix}4\\1\end{pmatrix} = \begin{pmatrix}1-4\\2-1\end{pmatrix} = \begin{pmatrix}-3\\1\end{pmatrix}$$

3次元の場合も、計算方法は同じです。

$$\begin{pmatrix}1\\2\\3\end{pmatrix} + \begin{pmatrix}4\\1\\-1\end{pmatrix} = \begin{pmatrix}1+4\\2+1\\3+(-1)\end{pmatrix} = \begin{pmatrix}5\\3\\2\end{pmatrix}$$

ベクトルの和や差は同次元つまり、同じ形をしているものしかできません。

$$\begin{pmatrix}1\\2\end{pmatrix} + \begin{pmatrix}3\\4\\5\end{pmatrix} \cdots 計算できない$$

それでは、例題を通してベクトルの和と差に慣れていきましょう。

例題　次のベクトルの計算をせよ。

$$(1)\quad \begin{pmatrix}1\\2\\3\\4\end{pmatrix} + \begin{pmatrix}2\\3\\4\\5\end{pmatrix} \qquad (2)\quad \begin{pmatrix}10\\8\\6\\4\end{pmatrix} - \begin{pmatrix}2\\4\\6\\8\end{pmatrix}$$

解説＆解答　各々の成分を計算します。

$$(1) \quad \begin{pmatrix} 1 \\ 2 \\ 3 \\ 4 \end{pmatrix} + \begin{pmatrix} 2 \\ 3 \\ 4 \\ 5 \end{pmatrix} = \begin{pmatrix} 1+2 \\ 2+3 \\ 3+4 \\ 4+5 \end{pmatrix} = \begin{pmatrix} 3 \\ 5 \\ 7 \\ 9 \end{pmatrix}$$

$$(2) \quad \begin{pmatrix} 10 \\ 8 \\ 6 \\ 4 \end{pmatrix} - \begin{pmatrix} 2 \\ 4 \\ 6 \\ 8 \end{pmatrix} = \begin{pmatrix} 10-2 \\ 8-4 \\ 6-6 \\ 4-8 \end{pmatrix} = \begin{pmatrix} 8 \\ 4 \\ 0 \\ -4 \end{pmatrix}$$

次に同じベクトルを足す場合を考えます。同じ数を加える場合、一般に掛け算を用います。

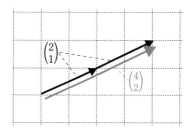

$8+8+8+8+8$ は 1 つずつ計算して 40 とするより、$8 \times 5 = 40$ と掛け算・実数倍したほうが、計算が速く正確になります。ベクトルも実数と同じように実数倍があります。

$$\begin{pmatrix} 2 \\ 1 \end{pmatrix} + \begin{pmatrix} 2 \\ 1 \end{pmatrix} = \begin{pmatrix} 2+2 \\ 1+1 \end{pmatrix} = \begin{pmatrix} 4 \\ 2 \end{pmatrix}$$

のように計算してもよいですが、$\begin{pmatrix} 2 \\ 1 \end{pmatrix}$ を 2 倍してもよいので

$$2\begin{pmatrix} 2 \\ 1 \end{pmatrix} = \begin{pmatrix} 2 \times 2 \\ 2 \times 1 \end{pmatrix} = \begin{pmatrix} 4 \\ 2 \end{pmatrix}$$

とできます。

なお、$2\begin{pmatrix} 2 \\ 1 \end{pmatrix}$ という表記は座標ではできません。このように成分は、縦書きの表記ができるだけではなく、実数倍を直接表すこともできるのです。

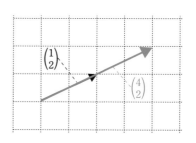

内　積

　ベクトルの足し算と引き算を見てきたので、本講ではベクトルの掛け算に該当する内積をみていきましょう。

　内積の計算は、ベクトルの対応する成分を掛け算し、全部を足します。a と b の内積は $a \cdot b$ と表します。書籍によっては、(a, b) と表記してあるものもあります。内積の計算結果は、数値となります。ベクトルの足し算と引き算と同じように、次元が異なる場合は計算ができません。

内積

$a = (a_1, a_2)$、$b = \begin{pmatrix} b_1 \\ b_2 \end{pmatrix}$　のとき

$a \cdot b = (a_1, a_2) \cdot \begin{pmatrix} b_1 \\ b_2 \end{pmatrix} = a_1 b_1 + a_2 b_2$

掛ける

$a \cdot b = (a_1, a_2) \cdot \begin{pmatrix} b_1 \\ b_2 \end{pmatrix} = a_1 b_1 + a_2 b_2$

掛ける　　　　　　足す

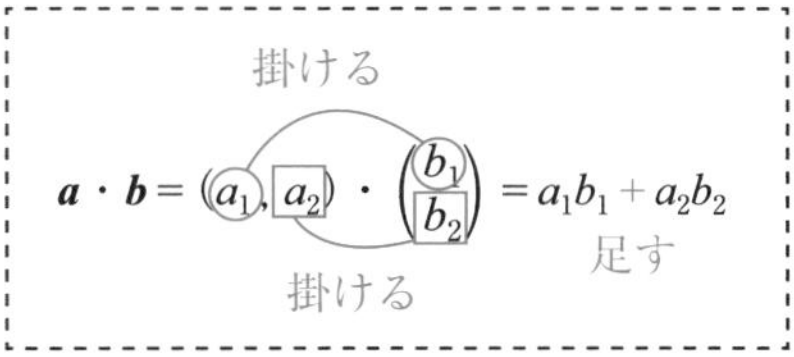

それでは、具体的に計算してみましょう。

例題　$a = (1, 3)$、$b = \begin{pmatrix} 5 \\ 7 \end{pmatrix}$　のとき、$a \cdot b$ を求めよ。

掛ける

$$\boldsymbol{a} \cdot \boldsymbol{b} = \left(\boxed{1}\,\boxed{3}\right) \cdot \left(\!\begin{array}{c}\boxed{5}\\\boxed{7}\end{array}\!\right) = 1 \times 5 + 3 \times 7 = 5 + 21 = 26$$

掛ける 　　　足す

例題　$\boldsymbol{a} = (-1, 2)$、$\boldsymbol{b} = \begin{pmatrix} 4 \\ 2 \end{pmatrix}$　のとき、$\boldsymbol{a} \cdot \boldsymbol{b}$ を求めよ。

解説＆解答

$$\boldsymbol{a} \cdot \boldsymbol{b} = (-1, 2) \cdot \begin{pmatrix} 4 \\ 2 \end{pmatrix}$$

掛ける

$$\left(-\boxed{1},\boxed{2}\right) \cdot \left(\!\begin{array}{c}\boxed{4}\\\boxed{2}\end{array}\!\right)$$

掛ける

$$= -1 \times 4 + 2 \times 2 = -4 + 4 = 0$$

足す

　ここで、$\boldsymbol{a} = (-1, 2)$、$\boldsymbol{b} = \begin{pmatrix} 4 \\ 2 \end{pmatrix}$ を図で表すと $\boldsymbol{a}$ と $\boldsymbol{b}$ が直角に交わっていることがわかります。このように、ベクトルの内積が 0 のとき（$\boldsymbol{a} \cdot \boldsymbol{b} = 0$）は直角（90°）になる性質があります。

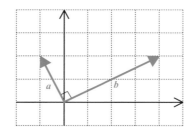

　次は 3 次元の内積です。3 次元になっても内積の考え方は同じです。

2

数

学

$$\boldsymbol{a} = (a_1, a_2, a_3) 、 \boldsymbol{b} = \begin{pmatrix} b_1 \\ b_2 \\ b_3 \end{pmatrix} \quad のとき$$

足す 足す

$$\boldsymbol{a} \cdot \boldsymbol{b} = (a_1, a_2, a_3) \cdot \begin{pmatrix} b_1 \\ b_2 \\ b_3 \end{pmatrix} = a_1 b_1 + a_2 b_2 + a_3 b_3$$

それでは、例題を解いてみましょう。

例題　$\boldsymbol{a} = (1, 2, 3)$、$\boldsymbol{b} = \begin{pmatrix} 4 \\ 5 \\ 6 \end{pmatrix}$　のとき、$\boldsymbol{a} \cdot \boldsymbol{b}$ を求めよ。

解説＆解答

$$\boldsymbol{a} \cdot \boldsymbol{b} = (1, 2, 3) \cdot \begin{pmatrix} 4 \\ 5 \\ 6 \end{pmatrix}$$

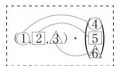

$$= 1 \times 4 + 2 \times 5 + 3 \times 6$$
$$= 4 + 10 + 18$$
$$= 32$$

n 次元の場合も、2次元、3次元と同じように計算します。

$$\boldsymbol{a} = (a_1, a_2, \cdots, a_n) 、 \boldsymbol{b} = \begin{pmatrix} b_1 \\ b_2 \\ \vdots \\ b_n \end{pmatrix} \quad のとき$$

$$\boldsymbol{a} \cdot \boldsymbol{b} = (a_1, a_2, \cdots, a_n) \cdot \begin{pmatrix} b_1 \\ b_2 \\ \vdots \\ b_n \end{pmatrix} = a_1 b_1 + a_2 b_2 + \cdots + a_n b_n$$

ベクトルの大きさ (L1 ノルム、L2 ノルム)

　ベクトルは向きと大きさを持つ量ですが、どのように距離を移動するかが大事です。下図の $\boldsymbol{a} = \begin{pmatrix} 4 \\ 3 \end{pmatrix}$ は、x 方向に4、y 方向に3移動することを表します。

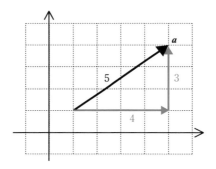

　x 方向に4、y 方向に3移動すると、合計 $3+4=7$ 移動します。このときの大きさ（距離）を L1 ノルム（または L^1 ノルム）とよびます。

$\boldsymbol{a} = \begin{pmatrix} a_1 \\ a_2 \end{pmatrix}$ のL1ノルムは

$$\|\boldsymbol{a}\|_{L^1} = |a_1| + |a_2|$$

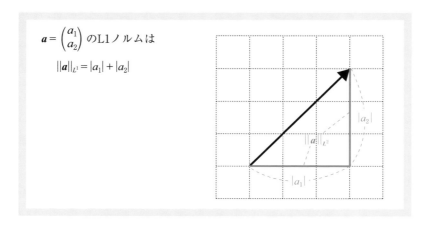

L1 ノルムは、各成分の絶対値を加えることで求めることができます。

$a = \begin{pmatrix} 4 \\ 3 \end{pmatrix}$ の L1 ノルムは、公式に $a_1 = 4$、$a_2 = 3$ を代入して

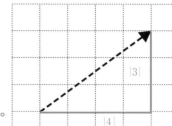

$$\|a\|_{L^1} = |a_1| + |a_2|$$
$$= |4| + |3|$$
$$= 4 + 3 = 7$$

となります。それでは、問題を解いてみましょう。

例題　$a = \begin{pmatrix} 2 \\ -1 \end{pmatrix}$ の L1 ノルムを求めよ。

解説＆解答　（公式に $a_1 = 2$、$a_2 = -1$ を代入）

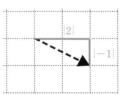

$$\|a\|_{L^1} = |2| + |-1|$$
$$= 2 + 1 = 3$$

L1 ノルムは、3 次元以上でも同様に求めることができます。

$a = \begin{pmatrix} a_1 \\ a_2 \\ a_3 \end{pmatrix}$ のL1ノルムは

$$\|a\|_{L^1} = |a_1| + |a_2| + |a_3|$$

解説＆解答　（公式に $a_1 = 1$、$a_2 = -2$、$a_3 = -3$ を代入）

$$\|a\|_{L^1} = |1| + |-2| + |-3|$$
$$= 1 + 2 + 3 = 6$$

L1 ノルムは、過学習の問題を緩和するために導入される L1 正則化（LASSO: least absolute shrinkage and selection operator の略語）に用いられます。

過学習は、教師データ（訓練データ）のみに適合して、未知のデータの予測精度が低くなる現象でした。一般にモデルを複雑にするほど過学習が起こりやすくなります。

L1 ノルム（または L^1 ノルム）に対して、矢印の長さそのものを大きさ（距離）にするのも自然です。これを L2 ノルム（または L^2 ノルム）とよびます。

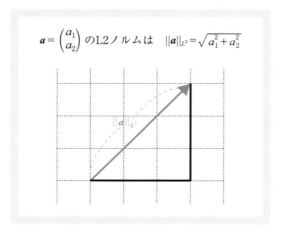

$a = \begin{pmatrix} a_1 \\ a_2 \end{pmatrix}$ のL2ノルムは　$\|a\|_{L^2} = \sqrt{a_1^2 + a_2^2}$

$a = \begin{pmatrix} 4 \\ 3 \end{pmatrix}$ の L2 ノルムは、公式に $a_1 = 4$、$a_2 = 3$ を代入して

$$\|a\|_{L^2} = \sqrt{a_1^2 + a_2^2} = \sqrt{4^2 + 3^2} = \sqrt{16 + 9} = \sqrt{25} = 5$$

3 次元以上でも同様に L2 ノルムを求めることができます。

$$a = \begin{pmatrix} a_1 \\ a_2 \\ a_3 \end{pmatrix} \text{の L2 ノルムは} \quad \|a\|_{L^2} = \sqrt{a_1^2 + a_2^2 + a_3^2}$$

例題　$a = \begin{pmatrix} 1 \\ -2 \\ -3 \end{pmatrix}$ の L2 ノルムを求めよ。

解説＆解答　（公式に $a_1 = 1$、$a_2 = -2$、$a_3 = -3$ を代入）

$$\|a\|_{L^2} = \sqrt{a_1^2 + a_2^2 + a_3^2}$$
$$= \sqrt{1^2 + (-2)^2 + (-3)^2} = \sqrt{1 + 4 + 9} = \sqrt{14}$$

内積には、L2 ノルムを用いた定義もあります。

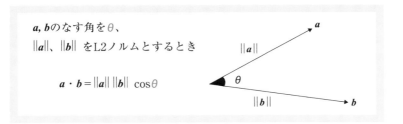

a, b のなす角を θ、
$\|a\|$、$\|b\|$ を L2 ノルムとするとき

$$a \cdot b = \|a\| \, \|b\| \, \cos\theta$$

ベクトルの内積が 0 のときは直角（90°）になる性質がありました。これは上記の式からも確認できます。$\theta = 90°$ とすると

$$a \cdot b = \|a\| \, \|b\| \, \cos 90° = \|a\| \, \|b\| \times 0 = 0$$

となります。

行列とは何か？

数学と国語の小テストの成績をまとめた下表があります。

	数学	国語
A	30	20
B	50	40
C	70	60
D	90	80

この表の数値を取り出し、コンピュータなどで計算しやすいように簡易的に縦と横に並べた $\begin{pmatrix} 30 & 20 \\ 50 & 40 \\ 70 & 60 \\ 90 & 80 \end{pmatrix}$ を行列（matrix）といいます。行列は、多くの計算式をまとめて簡易的に表現できるため、多くの計算が必要となる人工知能では必須となります。行列は、ベクトルの考え方をさらに発展させます。ベクトルと行列を組み合わせた計算もありますから、ベクトルと共に慣れていきましょう。まずは、用語の確認です。

横の並びを行（row）、縦の並びを列（column）といい、4個の行と2個の列をもつ行列を4×2行列といいます。また、行の個数と列の個数が同じ行列を正方行列といいます。

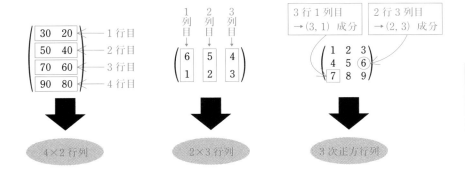

4×2 行列 $\begin{pmatrix} 30 & 20 \\ 50 & 40 \\ 70 & 60 \\ 90 & 80 \end{pmatrix}$ の横方向（行方向）の $(30 \quad 20)$、$(50 \quad 40)$、

$(70 \quad 60)$、$(90 \quad 80)$ を行ベクトルといい、$(30 \quad 20) = \boldsymbol{a}_1$、$(50 \quad 40) = \boldsymbol{a}_2$、

$(70 \quad 60) = \boldsymbol{a}_3$、$(90 \quad 80) = \boldsymbol{a}_4$、と置くと

$$\begin{pmatrix} 30 & 20 \\ 50 & 40 \\ 70 & 60 \\ 90 & 80 \end{pmatrix} = \begin{pmatrix} \boldsymbol{a}_1 \\ \boldsymbol{a}_2 \\ \boldsymbol{a}_3 \\ \boldsymbol{a}_4 \end{pmatrix}$$

と行ベクトルでまとめることもできます。

　同様に 4×2 行列 $\begin{pmatrix} 30 & 20 \\ 50 & 40 \\ 70 & 60 \\ 90 & 80 \end{pmatrix}$ の縦方向（列方向）の $\begin{pmatrix} 30 \\ 50 \\ 70 \\ 90 \end{pmatrix}$、$\begin{pmatrix} 20 \\ 40 \\ 60 \\ 80 \end{pmatrix}$ を列ベク

トルといい、$\begin{pmatrix} 30 \\ 50 \\ 70 \\ 90 \end{pmatrix} = \boldsymbol{b}_1$、$\begin{pmatrix} 20 \\ 40 \\ 60 \\ 80 \end{pmatrix} = \boldsymbol{b}_2$ と置くと

$$\begin{pmatrix} 30 & 20 \\ 50 & 40 \\ 70 & 60 \\ 90 & 80 \end{pmatrix} = (\boldsymbol{b}_1 \quad \boldsymbol{b}_2)$$

と列ベクトルでまとめることもできます。

行列の和と差

行列の和や差は成分ごとの和や差となります。

$$\begin{pmatrix} 1 & 2 \\ 3 & 4 \end{pmatrix} + \begin{pmatrix} 5 & 6 \\ 7 & 8 \end{pmatrix} = \begin{pmatrix} 1+5 & 2+6 \\ 3+7 & 4+8 \end{pmatrix} = \begin{pmatrix} 6 & 8 \\ 10 & 12 \end{pmatrix}$$

$$\begin{pmatrix} 3 & 2 \\ 6 & 9 \end{pmatrix} - \begin{pmatrix} 1 & 2 \\ 7 & 4 \end{pmatrix} = \begin{pmatrix} 3-1 & 2-2 \\ 6-7 & 9-4 \end{pmatrix} = \begin{pmatrix} 2 & 0 \\ -1 & 5 \end{pmatrix}$$

行列の実数倍は、各成分を実数倍します。ベクトルの実数倍と同じです。

$$5\begin{pmatrix} 1 & 2 \\ 3 & 4 \end{pmatrix} = \begin{pmatrix} 5\times1 & 5\times2 \\ 5\times3 & 5\times4 \end{pmatrix} = \begin{pmatrix} 5 & 10 \\ 15 & 20 \end{pmatrix}$$

例題 $\begin{pmatrix} 0 & 4 \\ -1 & 2 \end{pmatrix} - \begin{pmatrix} 3 & 1 \\ 5 & -2 \end{pmatrix}$ を求めよ。

解説＆解答 各成分ごとに計算します。

$$\begin{pmatrix} 0 & 4 \\ -1 & 2 \end{pmatrix} - \begin{pmatrix} 3 & 1 \\ 5 & -2 \end{pmatrix} = \begin{pmatrix} 0-3 & 4-1 \\ -1-5 & 2-(-2) \end{pmatrix} = \begin{pmatrix} -3 & 3 \\ -6 & 4 \end{pmatrix}$$

例題 $\begin{pmatrix} 4 \\ -1 \end{pmatrix} + 3\begin{pmatrix} 1 \\ 2 \end{pmatrix}$ を求めよ。

解説＆解答 実数倍から計算します。

$$\begin{pmatrix} 4 \\ -1 \end{pmatrix} + 3\begin{pmatrix} 1 \\ 2 \end{pmatrix} = \begin{pmatrix} 4 \\ -1 \end{pmatrix} + \begin{pmatrix} 3\times1 \\ 3\times2 \end{pmatrix} = \begin{pmatrix} 4 \\ -1 \end{pmatrix} + \begin{pmatrix} 3 \\ 6 \end{pmatrix} = \begin{pmatrix} 7 \\ 5 \end{pmatrix}$$

行列の積とアダマール積

　次に行列の積に移ります。行列の積の計算はやや複雑です。順を追って説明していきます。まず、ベクトルの内積を思い出してください。

$$\boldsymbol{a} = (1,\, 3)、\boldsymbol{b} = \begin{pmatrix} 5 \\ 7 \end{pmatrix} \quad \text{のとき、} \boldsymbol{a} \cdot \boldsymbol{b} \text{ は}$$

$$\boldsymbol{a} \cdot \boldsymbol{b} = (\boxed{1}\,\boxed{3}) \cdot \begin{pmatrix} 5 \\ 7 \end{pmatrix} = 1 \times 5 + 3 \times 7 = 5 + 21 = 26$$

掛ける　　　　　足す

でした。行列では、このベクトルの内積を応用します。

ここで、2つの内積 $(1,\, 3) \cdot \begin{pmatrix} 5 \\ 7 \end{pmatrix}$ と $(-1,\, 2) \cdot \begin{pmatrix} 5 \\ 7 \end{pmatrix}$ を考えます。

$$(1,\, 3) \cdot \begin{pmatrix} 5 \\ 7 \end{pmatrix} = 1 \times 5 + 3 \times 7 = 5 + 21 = 26 \cdots ①$$

$$(-1,\, 2) \cdot \begin{pmatrix} 5 \\ 7 \end{pmatrix} = -1 \times 5 + 2 \times 7 = -5 + 14 = 9 \cdots ②$$

2つのベクトルの内積①、②から行列の積 $\begin{pmatrix} 1 & 3 \\ -1 & 2 \end{pmatrix} \begin{pmatrix} 5 \\ 7 \end{pmatrix}$ を考えます。

　①の $(1,\, 3) \cdot \begin{pmatrix} 5 \\ 7 \end{pmatrix}$ は

$$\begin{pmatrix} 1 & 3 \\ -1 & 2 \end{pmatrix} \begin{pmatrix} 5 \\ 7 \end{pmatrix} = \begin{pmatrix} 1 \times 5 + 3 \times 7 \end{pmatrix} = \begin{pmatrix} 26 \end{pmatrix} \cdots ①'$$

に対応し、②の $(-1,\, 2) \cdot \begin{pmatrix} 5 \\ 7 \end{pmatrix}$ は

$$\begin{pmatrix} 1 & 3 \\ -1 & 2 \end{pmatrix} \begin{pmatrix} 5 \\ 7 \end{pmatrix} = \begin{pmatrix} -1 \times 5 + 2 \times 7 \end{pmatrix} = \begin{pmatrix} 9 \end{pmatrix} \cdots ②'$$

に対応します。よって①′と②′を合わせて

$$\begin{pmatrix} 1 & 3 \\ -1 & 2 \end{pmatrix} \begin{pmatrix} 5 \\ 7 \end{pmatrix} = \begin{pmatrix} 1 \times 5 + 3 \times 7 \\ -1 \times 5 + 2 \times 7 \end{pmatrix} = \begin{pmatrix} 26 \\ 9 \end{pmatrix}$$

と、行列とベクトルの積を考えることができます。まとめると

$$\boldsymbol{A}\boldsymbol{b} = \begin{pmatrix} a_{11} & a_{12} \\ a_{21} & a_{22} \end{pmatrix} \begin{pmatrix} b_1 \\ b_2 \end{pmatrix} = \begin{pmatrix} a_{11}b_1 + a_{12}b_2 \\ a_{21}b_1 + a_{22}b_2 \end{pmatrix}$$

計算するときは、線を引くと間違いが少なくなります。

$$\left(\begin{array}{c|c} a_{11} & a_{12} \\ \hline a_{21} & a_{22} \end{array}\right) \begin{pmatrix} b_1 \\ b_2 \end{pmatrix} = \begin{pmatrix} a_{11}b_1 + a_{12}b_2 \\ a_{21}b_1 + a_{22}b_2 \end{pmatrix}$$

公式の導入過程を追ってみます（無理に理解しなくても大丈夫です）。

$$A = \begin{pmatrix} a_1 \\ a_2 \end{pmatrix} \text{ とすると } A\boldsymbol{b} = \begin{pmatrix} a_1 \\ a_2 \end{pmatrix} \boldsymbol{b} = \begin{pmatrix} \boldsymbol{a}_1 \cdot \boldsymbol{b} \\ \boldsymbol{a}_2 \cdot \boldsymbol{b} \end{pmatrix} \cdots ①$$

$\boldsymbol{a}_1 = (a_{11}, a_{12})$、$\boldsymbol{a}_2 = (a_{21}, a_{22})$、$\boldsymbol{b} = \begin{pmatrix} b_1 \\ b_2 \end{pmatrix}$ とすると①は

$$\begin{pmatrix} a_1 \cdot b \\ a_2 \cdot b \end{pmatrix} = \begin{pmatrix} (a_{11}, a_{12}) \cdot \begin{pmatrix} b_1 \\ b_2 \end{pmatrix} \\ (a_{21}, a_{22}) \cdot \begin{pmatrix} b_1 \\ b_2 \end{pmatrix} \end{pmatrix} = \begin{pmatrix} a_{11}b_1 + a_{12}b_2 \\ a_{21}b_1 + a_{22}b_2 \end{pmatrix}$$

よって

$$\begin{pmatrix} a_{11} & a_{12} \\ a_{21} & a_{22} \end{pmatrix} \begin{pmatrix} b_1 \\ b_2 \end{pmatrix} = \begin{pmatrix} a_{11}b_1 + a_{12}b_2 \\ a_{21}b_1 + a_{22}b_2 \end{pmatrix}$$

それでは、例題を解いてみましょう。

例題 $A = \begin{pmatrix} 1 & 3 \\ -1 & 2 \end{pmatrix}$、$b = \begin{pmatrix} 9 \\ 4 \end{pmatrix}$ のとき、Abを求めよ。

解説＆解答

$$Ab = \begin{pmatrix} 1 & 3 \\ -1 & 2 \end{pmatrix} \begin{pmatrix} 9 \\ 4 \end{pmatrix} = \begin{pmatrix} 1 \times 9 + 3 \times 4 \\ -1 \times 9 + 2 \times 4 \end{pmatrix} = \begin{pmatrix} 21 \\ -1 \end{pmatrix}$$

　ベクトルに行列をかけて、別のベクトルにすることを線形変換といいます。線形変換を行うことでベクトルの次元の変更やベクトルを回転、拡大・縮小することができます。　先ほどの取り上げた例と例題の式を列挙すると

$$\begin{pmatrix} 1 & 3 \\ -1 & 2 \end{pmatrix} \begin{pmatrix} 5 \\ 7 \end{pmatrix} = \begin{pmatrix} 1 \times 5 + 3 \times 7 \\ -1 \times 5 + 2 \times 7 \end{pmatrix} = \begin{pmatrix} 26 \\ 9 \end{pmatrix}$$

$$\begin{pmatrix} 1 & 3 \\ -1 & 2 \end{pmatrix} \begin{pmatrix} 9 \\ 4 \end{pmatrix} = \begin{pmatrix} 1 \times 9 + 3 \times 4 \\ -1 \times 9 + 2 \times 4 \end{pmatrix} = \begin{pmatrix} 21 \\ -1 \end{pmatrix}$$

　ここから行列の積につなげていきます。上記の式は $\begin{pmatrix} 1 & 3 \\ -1 & 2 \end{pmatrix}$ が共通です。ベクトルの $\begin{pmatrix} 5 \\ 7 \end{pmatrix}$ と $\begin{pmatrix} 9 \\ 4 \end{pmatrix}$ をまとめて $\begin{pmatrix} 5 & 9 \\ 7 & 4 \end{pmatrix}$ とすると

$$\begin{pmatrix} 1 & 3 \\ -1 & 2 \end{pmatrix} \begin{pmatrix} 5 & 9 \\ 7 & 4 \end{pmatrix} = \begin{pmatrix} 1 \times 5 + 3 \times 7 & \\ -1 \times 5 + 2 \times 7 & \end{pmatrix}$$

$$\begin{pmatrix} 1 & 3 \\ -1 & 2 \end{pmatrix} \begin{pmatrix} 5 & 9 \\ 7 & 4 \end{pmatrix} = \begin{pmatrix} & 1 \times 9 + 3 \times 4 \\ & -1 \times 9 + 2 \times 4 \end{pmatrix}$$

のように対応させることができます。ここから上記の 2 式を合わせて

$$\begin{pmatrix} 1 & 3 \\ -1 & 2 \end{pmatrix} \begin{pmatrix} 5 & 9 \\ 7 & 4 \end{pmatrix} = \begin{pmatrix} 1 \times 5 + 3 \times 7 & 1 \times 9 + 3 \times 4 \\ -1 \times 5 + 2 \times 7 & -1 \times 9 + 2 \times 4 \end{pmatrix} = \begin{pmatrix} 26 & 21 \\ 9 & -1 \end{pmatrix}$$

となります。行列の積の計算も上記のように線を引くと、計算しやすいです。

例題　$A = \begin{pmatrix} 1 & 2 \end{pmatrix}$、$B = \begin{pmatrix} 4 & 8 \\ 6 & 3 \end{pmatrix}$ のとき、積 AB を求めよ。

解説＆解答

$$AB = \begin{pmatrix} 1 & 2 \end{pmatrix} \begin{pmatrix} 4 & 8 \\ 6 & 3 \end{pmatrix} = \begin{pmatrix} 1 \times 4 + 2 \times 6 & 1 \times 8 + 2 \times 3 \end{pmatrix}$$
$$= \begin{pmatrix} 4 + 12 & 8 + 6 \end{pmatrix} = \begin{pmatrix} 16 & 14 \end{pmatrix}$$

例題 $A = \begin{pmatrix} 2 & 3 \\ 1 & 4 \\ 5 & 1 \end{pmatrix}$、$B = \begin{pmatrix} 3 & 1 & 2 \\ 2 & 4 & 1 \end{pmatrix}$ のとき積 AB、BAを求めよ。

解説＆解答

$$AB = \begin{pmatrix} 2 & 3 \\ 1 & 4 \\ 5 & 1 \end{pmatrix} \begin{pmatrix} 3 & 1 & 2 \\ 2 & 4 & 1 \end{pmatrix}$$

$$= \begin{pmatrix} 2\times3+3\times2 & 2\times1+3\times4 & 2\times2+3\times1 \\ 1\times3+4\times2 & 1\times1+4\times4 & 1\times2+4\times1 \\ 5\times3+1\times2 & 5\times1+1\times4 & 5\times2+1\times1 \end{pmatrix} = \begin{pmatrix} 12 & 14 & 7 \\ 11 & 17 & 6 \\ 17 & 9 & 11 \end{pmatrix}$$

$$BA = \begin{pmatrix} 3 & 1 & 2 \\ 2 & 4 & 1 \end{pmatrix} \begin{pmatrix} 2 & 3 \\ 1 & 4 \\ 5 & 1 \end{pmatrix}$$

$$= \begin{pmatrix} 3\times2+1\times1+2\times5 & 3\times3+1\times4+2\times1 \\ 2\times2+4\times1+1\times5 & 2\times3+4\times4+1\times1 \end{pmatrix} = \begin{pmatrix} 17 & 15 \\ 13 & 23 \end{pmatrix}$$

この AB と BA の結果をみると

$$AB = \begin{pmatrix} 12 & 14 & 7 \\ 11 & 17 & 6 \\ 17 & 9 & 11 \end{pmatrix}、\ BA = \begin{pmatrix} 17 & 15 \\ 13 & 23 \end{pmatrix}$$

ですが、行列の成分の値が違うどころか、型まで違っています。この AB と BA のように、行列の積は一般に一致しない（$AB \neq BA$）ので注意しましょう。

　行列の積は初めて学習する際には特殊に見えますが、ニューラルネットワークの計算やベクトルと組み合わせた線形変換の考え方につながりますので、演習を通して慣れていきましょう。

　なお、行列の成分ごとの掛け算したものをアダマール積（Hadamard product）といい、$\odot$ や $\circ$ を用いて $A \odot B$ や $A \circ B$ のように表します。

$A = \begin{pmatrix} a_{11} & a_{12} \\ a_{21} & a_{22} \end{pmatrix}$、 $B = \begin{pmatrix} b_{11} & b_{12} \\ b_{21} & b_{22} \end{pmatrix}$ のとき

$$A \odot B = \begin{pmatrix} a_{11} & a_{12} \\ a_{21} & a_{22} \end{pmatrix} \odot \begin{pmatrix} b_{11} & b_{12} \\ b_{21} & b_{22} \end{pmatrix} = \begin{pmatrix} a_{11}b_{11} & a_{12}b_{12} \\ a_{21}b_{21} & a_{22}b_{22} \end{pmatrix}$$

$A = \begin{pmatrix} a_{11} & a_{12} & a_{13} \\ a_{21} & a_{22} & a_{23} \\ a_{31} & a_{32} & a_{33} \end{pmatrix}$、 $B = \begin{pmatrix} b_{11} & b_{12} & b_{13} \\ b_{21} & b_{22} & b_{23} \\ b_{31} & b_{32} & b_{33} \end{pmatrix}$ のとき

$$A \odot B = \begin{pmatrix} a_{11} & a_{12} & a_{13} \\ a_{21} & a_{22} & a_{23} \\ a_{31} & a_{32} & a_{33} \end{pmatrix} \odot \begin{pmatrix} b_{11} & b_{12} & b_{13} \\ b_{21} & b_{22} & b_{23} \\ b_{31} & b_{32} & b_{33} \end{pmatrix} = \begin{pmatrix} a_{11}b_{11} & a_{12}b_{12} & a_{13}b_{13} \\ a_{21}b_{21} & a_{22}b_{22} & a_{23}b_{23} \\ a_{31}b_{31} & a_{32}b_{32} & a_{33}b_{33} \end{pmatrix}$$

　行列の各成分同士を掛け合わせるアダマール積は、画像同士の演算やフィルタ処理に活用されます。また、学習に用いる更新式を簡単に表現するときにも用いられ、Python の NumPy によって簡単に表現できます。

例題 $A = \begin{pmatrix} 1 & 2 \\ 3 & 4 \end{pmatrix}$、 $B = \begin{pmatrix} 5 & 6 \\ 7 & 8 \end{pmatrix}$ のとき、アダマール積 $A \odot B$ を求めよ。

解説＆解答 アダマール積は成分ごとに掛け算します。

$$\begin{pmatrix} 1 & 2 \\ 3 & 4 \end{pmatrix} \odot \begin{pmatrix} 5 & 6 \\ 7 & 8 \end{pmatrix} = \begin{pmatrix} 1 \times 5 & 2 \times 6 \\ 3 \times 7 & 4 \times 8 \end{pmatrix} = \begin{pmatrix} 5 & 12 \\ 21 & 32 \end{pmatrix}$$

例題 $A = \begin{pmatrix} 1 & 3 \\ -1 & 2 \end{pmatrix}$、 $B = \begin{pmatrix} 5 & 9 \\ 7 & 4 \end{pmatrix}$ のとき、アダマール積 $A \odot B$ を求めよ。

解説＆解答

$$\begin{pmatrix} 1 & 3 \\ -1 & 2 \end{pmatrix} \odot \begin{pmatrix} 5 & 9 \\ 7 & 4 \end{pmatrix} = \begin{pmatrix} 1 \times 5 & 3 \times 9 \\ -1 \times 7 & 2 \times 4 \end{pmatrix} = \begin{pmatrix} 5 & 27 \\ -7 & 8 \end{pmatrix}$$

単位行列と逆行列

次の2つの行列の積

$$\begin{pmatrix} 1 & 2 \\ 3 & 4 \end{pmatrix} \begin{pmatrix} 1 & 0 \\ 0 & 1 \end{pmatrix} \text{と} \begin{pmatrix} 1 & 0 \\ 0 & 1 \end{pmatrix} \begin{pmatrix} 1 & 2 \\ 3 & 4 \end{pmatrix}$$

を計算すると

$$\begin{pmatrix} 1 & 2 \\ 3 & 4 \end{pmatrix} \left(\begin{array}{c|c} 1 & 0 \\ 0 & 1 \end{array}\right) = \begin{pmatrix} 1\times1+2\times0 & 1\times0+2\times1 \\ 3\times1+4\times0 & 3\times0+4\times1 \end{pmatrix} = \begin{pmatrix} 1 & 2 \\ 3 & 4 \end{pmatrix}$$

$$\begin{pmatrix} 1 & 0 \\ 0 & 1 \end{pmatrix} \left(\begin{array}{c|c} 1 & 2 \\ 3 & 4 \end{array}\right) = \begin{pmatrix} 1\times1+0\times3 & 1\times2+0\times4 \\ 0\times1+1\times3 & 0\times2+1\times4 \end{pmatrix} = \begin{pmatrix} 1 & 2 \\ 3 & 4 \end{pmatrix}$$

となり、行列 $\begin{pmatrix} 1 & 2 \\ 3 & 4 \end{pmatrix}$ が変わりません。

この $\begin{pmatrix} 1 & 0 \\ 0 & 1 \end{pmatrix}$ のように、対角線上の成分がすべて1で、それ以外の成分が0となる正方行列を単位行列とよび、E で表します。E は、単位を表すドイツ語 Einheit の頭文字 E が由来です。単位行列は他に I で表すこともあります。こちらは単位元を表す英語の Identity Element の頭文字 I が由来です。

$$E = \begin{pmatrix} 1 & 0 \\ 0 & 1 \end{pmatrix}、E = \begin{pmatrix} 1 & 0 & 0 \\ 0 & 1 & 0 \\ 0 & 0 & 1 \end{pmatrix}$$

本講まで行列の足し算、引き算、掛け算を学習してきました。行列はベクトルと同じように割り算はありませんが、割り算に近いものがあり、それが逆行列です。本講では逆行列を学習しますが、逆行列の理解につなげるため、逆数を少し復習していきます。例えば、ある数3を考えるとき

$$x\times3=1 \quad \text{または、} \quad x\times3=1$$

のように、掛け算して1となる数 $x\left(=\dfrac{1}{3}=3^{-1}\right)$ が逆数でした。

　この逆数の行列版が逆行列です。定義は、<u>正方行列 A</u> に対して

$$AX = XA = E$$

となる正方行列 X を A の逆行列といい、A^{-1} と表します。$X=A^{-1}$ を代入すると「$AA^{-1}=A^{-1}A=E$」の関係式が成立します。A^{-1} は A インバース（inverse）とよぶことが多いです。正方行列でない場合、逆行列は存在しません。

　A が2次正方行列の場合は、逆行列 A^{-1} が公式となっているので、簡単に求めることができます。

$A = \begin{pmatrix} a & b \\ c & d \end{pmatrix}$ とすると、$\boxed{ad-bc} \neq 0$ のとき A の逆行列が存在します。

$$A^{-1} = \frac{1}{\boxed{ad-bc}} \begin{pmatrix} d & -b \\ -c & a \end{pmatrix}$$

$\boxed{ad-bc}$ を A の行列式といい、$det\,A$ もしくは $|A|$ で表します。

なお、det はデターミナント（determinant）とよびます。

---

　0 の逆数が存在しないように、行列式が0の場合は、逆行列が存在しません。まとめると次のようになります。

$$|A| = det\,A = ad - bc$$

$$det\,A = 0 \leftrightarrow A \text{ の逆行列が存在しない}$$

　この「$det\,A=0 \leftrightarrow A$ の逆行列が存在しない」は、後に学習する固有値を求める際に利用します。2次正方行列の逆行列は計算が複雑ではありませんが、3次以上となると計算が複雑なので、実務上はコンピュータで計算します。

例題　$A = \begin{pmatrix} 1 & 2 \\ 3 & 7 \end{pmatrix}$ の行列式を計算し、逆行列があれば求めよ。

解説＆解答　まず行列式「$det \begin{pmatrix} a & b \\ c & d \end{pmatrix} = ad - bc$」を求めましょう。

$$det\,A = 1 \times 7 - 2 \times 3 = 7 - 6 = \boxed{1}$$

$$A^{-1} = \frac{1}{\boxed{1}}\begin{pmatrix} 7 & -2 \\ -3 & 1 \end{pmatrix} = \begin{pmatrix} 7 & -2 \\ -3 & 1 \end{pmatrix}$$

例題 $A = \begin{pmatrix} 4 & 3 \\ 2 & 1 \end{pmatrix}$ の行列式を計算し、逆行列があれば求めよ。

解説＆解答　$det\,A = 4 \times 1 - 3 \times 2 = 4 - 6 = \boxed{-2}$

$$A^{-1} = \frac{1}{\boxed{-2}}\begin{pmatrix} 1 & -3 \\ -2 & 4 \end{pmatrix} = \begin{pmatrix} -\dfrac{1}{2} & \dfrac{3}{2} \\ 1 & -2 \end{pmatrix}$$

例題 $A = \begin{pmatrix} 4 & 2 \\ 2 & 1 \end{pmatrix}$ の行列式を計算し、逆行列があれば求めよ。

解説＆解答

$$det\,A = 4 \times 1 - 2 \times 2 = 4 - 4 = 0$$

「$det\,A = 0$」なので、A の逆行列は存在しない。

> 正方行列 A に対して、下式①を満たすとき、実数倍 k を A の固有値、対応するベクトル $x(\neq$ 零ベクトル) を固有ベクトルといいます。
>
> $$Ax = kx \quad \cdots ①$$

　固有値・固有ベクトルは、主成分分析、判別分析や数量化Ⅱ類の問題などで必要です。①が成り立つとき、ベクトル x は、回転せず、拡大・縮小のような実数倍がされます。①の右辺「kx」を左辺に移項して「x」でくくると

$$(A - kE)x = 0$$

となります。「x」でくくるので、「$(A - k)x = 0$」となるのではないか？ と考えた方もいると思いますが、A は行列、k は実数倍つまり定数なので、このままでは計算できない式となってしまいます。

　行列の計算ができるように「$Ax - kx = Ax - kEx = (A - kE)x$」のように「$E$」

を追加します。

$$(A - kE)x = 0$$

$A - kE$ が、逆行列 $(A - kE)^{-1}$ を持つ場合

$$(A - kE)^{-1}(A - kE)x = (A - kE)^{-1}0$$

$$x = 0$$

となり、x が零ベクトルではないという条件に反するので、$A - kE$ は逆行列を持ちません。つまり

$$det(A - kE) = 0 \quad \cdots ②$$

が成り立ちます。②を行列 A の固有方程式といいます。固有方程式は次の例題を通して、見ていきましょう。

例題　$A = \begin{pmatrix} 8 & 1 \\ 4 & 5 \end{pmatrix}$ に対して固有値及び固有ベクトルを求めよ。

解説&解答　まず A の固有値を求めます。

A の固有値を k と置き「$det(A - kE) = 0 \cdots ①$」を計算すると

$$det(A - kE) = 0 \quad \cdots ①$$

$$det\left(\begin{pmatrix} 8 & 1 \\ 4 & 5 \end{pmatrix} - k \begin{pmatrix} 1 & 0 \\ 0 & 1 \end{pmatrix} \right) = 0$$

$$det\left(\begin{pmatrix} 8 & 1 \\ 4 & 5 \end{pmatrix} - \begin{pmatrix} k & 0 \\ 0 & k \end{pmatrix} \right) = 0$$

$$det \begin{pmatrix} 8-k & 1 \\ 4 & 5-k \end{pmatrix} = 0$$

$$(8-k)(5-k) - 1 \times 4 = 0$$

$$k^2 - 13k + 36 = 0 \quad \leftarrow \text{行列 } A \text{ の固有方程式}$$

$$(k-4)(k-9) = 0 \quad \leftarrow \text{因数分解}$$

よって、A の固有値 k は

$$k = 4、k = 9$$

です。次に①式「$det(A - kE) = 0$」の k に $k=4$ と $k=9$ を代入して、それぞれに対応する固有ベクトルを求めます。

固有値 $k = 4$ に対応する固有ベクトル x を $\begin{pmatrix} s \\ t \end{pmatrix}$ とすると

$$Ax = 4x \Leftrightarrow (A - 4E)x = 0$$

$$\left(\begin{pmatrix} 8 & 1 \\ 4 & 5 \end{pmatrix} - 4 \begin{pmatrix} 1 & 0 \\ 0 & 1 \end{pmatrix} \right) \begin{pmatrix} s \\ t \end{pmatrix} = \begin{pmatrix} 0 \\ 0 \end{pmatrix}$$

$$\left(\begin{pmatrix} 8 & 1 \\ 4 & 5 \end{pmatrix} - \begin{pmatrix} 4 & 0 \\ 0 & 4 \end{pmatrix} \right) \begin{pmatrix} s \\ t \end{pmatrix} = \begin{pmatrix} 0 \\ 0 \end{pmatrix}$$

$$\begin{pmatrix} 8-4 & 1 \\ 4 & 5-4 \end{pmatrix} \begin{pmatrix} s \\ t \end{pmatrix} = \begin{pmatrix} 0 \\ 0 \end{pmatrix}$$

$$\begin{pmatrix} 4 & 1 \\ 4 & 1 \end{pmatrix} \begin{pmatrix} s \\ t \end{pmatrix} = \begin{pmatrix} 0 \\ 0 \end{pmatrix}$$

$$\begin{pmatrix} 4s + t \\ 4s + t \end{pmatrix} = \begin{pmatrix} 0 \\ 0 \end{pmatrix}$$

よって

$$\begin{cases} 4s + t = 0 & \cdots ① \\ 4s + t = 0 & \cdots ② \end{cases}$$

①、②いずれも $4s + t = 0$ となります。$4s$ を移項した「$t = -4s$」を $x = \begin{pmatrix} s \\ t \end{pmatrix}$ に代入して、s でくくると

$$x = \begin{pmatrix} s \\ t \end{pmatrix} = \begin{pmatrix} s \\ -4s \end{pmatrix} = s \begin{pmatrix} 1 \\ -4 \end{pmatrix}$$

よって、A の固有ベクトル x は $\begin{pmatrix} 1 \\ -4 \end{pmatrix}$ の実数倍（s 倍）です。

固有値 $k = 9$ に対応する固有ベクトル x を $\begin{pmatrix} \alpha \\ \beta \end{pmatrix}$ とすると

$$Ax = 9x \Leftrightarrow (A - 9E)x = 0$$

$$\left(\begin{pmatrix} 8 & 1 \\ 4 & 5 \end{pmatrix} - 9 \begin{pmatrix} 1 & 0 \\ 0 & 1 \end{pmatrix} \right) \begin{pmatrix} \alpha \\ \beta \end{pmatrix} = \begin{pmatrix} 0 \\ 0 \end{pmatrix}$$

$$\left(\begin{pmatrix} 8 & 1 \\ 4 & 5 \end{pmatrix} - \begin{pmatrix} 9 & 0 \\ 0 & 9 \end{pmatrix} \right) \begin{pmatrix} \alpha \\ \beta \end{pmatrix} = \begin{pmatrix} 0 \\ 0 \end{pmatrix}$$

$$\begin{pmatrix} 8-9 & 1-0 \\ 4-0 & 5-9 \end{pmatrix} \begin{pmatrix} \alpha \\ \beta \end{pmatrix} = \begin{pmatrix} 0 \\ 0 \end{pmatrix}$$

$$\begin{pmatrix} -1 & 1 \\ 4 & -4 \end{pmatrix} \begin{pmatrix} \alpha \\ \beta \end{pmatrix} = \begin{pmatrix} 0 \\ 0 \end{pmatrix}$$

$$\begin{pmatrix} -\alpha + \beta \\ 4\alpha - 4\beta \end{pmatrix} = \begin{pmatrix} 0 \\ 0 \end{pmatrix}$$

よって

$$\begin{cases} -\alpha + \beta = 0 & \cdots ③ \\ 4\alpha - 4\beta = 0 & \cdots ④ \end{cases}$$

③、④いずれも $\alpha = \beta$ となる。$x = \begin{pmatrix} \alpha \\ \beta \end{pmatrix}$ に代入して α でくくると

$$x = \begin{pmatrix} \alpha \\ \beta \end{pmatrix} = \begin{pmatrix} \alpha \\ \alpha \end{pmatrix} = \alpha \begin{pmatrix} 1 \\ 1 \end{pmatrix}$$

よって、A の固有ベクトル x は $\begin{pmatrix} 1 \\ 1 \end{pmatrix}$ の実数倍（α 倍）となります。

以上より、求める A の固有ベクトルは、$\begin{pmatrix} 1 \\ -4 \end{pmatrix}$、$\begin{pmatrix} 1 \\ 1 \end{pmatrix}$ です。

　固有値を用いることで、行列が持っている重要な特徴を少ないパラメータに落とし込むことができます。応用例は、教師なし学習の分野の 1 つである主成分分析などがあります。主成分分析は多次元データの持つ情報をできるだけ損なわずに低次元に情報を縮約する方法です。多次元データを 2 次元や 3 次元データに縮約できれば、データ全体を視覚化することができます。

　例えば、BMI は体重 ÷（身長）^{2} で求められますが、体重と身長という 2 次元データから、BMI という 1 次元のデータに縮約できます。

　他にも、国語、数学、理科、社会の点数は 4 科目あるので、4 次元データとなりますが、文科系科目（国語、社会）、理科系科目（数学、理科）にすると、2 次元のデータに縮約できます。

　データが最もバラツキを持つように軸を取る式変換を行うと、固有値、固有ベクトルの問題を解くことに帰着します。

例題 $A = \begin{pmatrix} 1 & 4 \\ 3 & 2 \end{pmatrix}$ に対して固有値及び固有ベクトルを求めよ。

解説＆解答 まず A の固有値を求めます。

$$\det(A - kE) = 0$$

$$\det\left(\begin{pmatrix} 1 & 4 \\ 3 & 2 \end{pmatrix} - k\begin{pmatrix} 1 & 0 \\ 0 & 1 \end{pmatrix}\right) = 0$$

$$\det\left(\begin{pmatrix} 1 & 4 \\ 3 & 2 \end{pmatrix} - \begin{pmatrix} k & 0 \\ 0 & k \end{pmatrix}\right) = 0$$

$$\det\begin{pmatrix} 1-k & 4 \\ 3 & 2-k \end{pmatrix} = 0$$

$$(1-k)(2-k) - 4 \times 3 = 0$$

$$k^2 - 3k - 10 = 0$$

$$(k-5)(k+2)$$

よって、A の固有値 k は

$$k = 5 \text{、} k = -2$$

固有値 $k = 5$ に対応する固有ベクトル x を $\begin{pmatrix} s \\ t \end{pmatrix}$ とすると

$$Ax = 5x \Leftrightarrow (A - 5E)x = 0$$

$$\left(\begin{pmatrix} 1 & 4 \\ 3 & 2 \end{pmatrix} - 5\begin{pmatrix} 1 & 0 \\ 0 & 1 \end{pmatrix}\right)\begin{pmatrix} s \\ t \end{pmatrix} = \begin{pmatrix} 0 \\ 0 \end{pmatrix}$$

$$\left(\begin{pmatrix} 1 & 4 \\ 3 & 2 \end{pmatrix} - \begin{pmatrix} 5 & 0 \\ 0 & 5 \end{pmatrix}\right)\begin{pmatrix} s \\ t \end{pmatrix} = \begin{pmatrix} 0 \\ 0 \end{pmatrix}$$

$$\begin{pmatrix} 1-5 & 4 \\ 3 & 2-5 \end{pmatrix}\begin{pmatrix} s \\ t \end{pmatrix} = \begin{pmatrix} 0 \\ 0 \end{pmatrix}$$

$$\begin{pmatrix} -4 & 4 \\ 3 & -3 \end{pmatrix}\begin{pmatrix} s \\ t \end{pmatrix} = \begin{pmatrix} 0 \\ 0 \end{pmatrix}$$

$$\begin{pmatrix} -4s + 4t \\ 3s - 3t \end{pmatrix} = \begin{pmatrix} 0 \\ 0 \end{pmatrix}$$

よって

$$\begin{cases} -4s + 4t = 0 & \cdots① \\ 3s - 3t = 0 & \cdots② \end{cases}$$

①、②いずれも $s = t$ となるので、$x = \begin{pmatrix} s \\ t \end{pmatrix}$ に $s = t$ を代入して

$$x = \begin{pmatrix} s \\ s \end{pmatrix} = s \begin{pmatrix} 1 \\ 1 \end{pmatrix}$$

よって、固有ベクトル x は $\begin{pmatrix} 1 \\ 1 \end{pmatrix}$ の実数倍（s 倍）となります。

固有値 $k = -2$ に対応する固有ベクトル x を $\begin{pmatrix} \alpha \\ \beta \end{pmatrix}$ とすると

$$Ax = -2x \Leftrightarrow (A - (-2E))x = 0$$

$$\left(\begin{pmatrix} 1 & 4 \\ 3 & 2 \end{pmatrix} + 2 \begin{pmatrix} 1 & 0 \\ 0 & 1 \end{pmatrix} \right) \begin{pmatrix} \alpha \\ \beta \end{pmatrix} = \begin{pmatrix} 0 \\ 0 \end{pmatrix}$$

$$\left(\begin{pmatrix} 1 & 4 \\ 3 & 2 \end{pmatrix} + \begin{pmatrix} 2 & 0 \\ 0 & 2 \end{pmatrix} \right) \begin{pmatrix} \alpha \\ \beta \end{pmatrix} = \begin{pmatrix} 0 \\ 0 \end{pmatrix}$$

$$\begin{pmatrix} 3 & 4 \\ 3 & 4 \end{pmatrix} \begin{pmatrix} \alpha \\ \beta \end{pmatrix} = \begin{pmatrix} 0 \\ 0 \end{pmatrix}$$

$$\begin{pmatrix} 3\alpha + 4\beta \\ 3\alpha + 4\beta \end{pmatrix} = \begin{pmatrix} 0 \\ 0 \end{pmatrix}$$

よって

$$\begin{cases} 3\alpha + 4\beta = 0 & \cdots③ \\ 3\alpha + 4\beta = 0 & \cdots④ \end{cases}$$

③、④いずれも $3\alpha + 4\beta = 0$ となるので、$x = \begin{pmatrix} \alpha \\ \beta \end{pmatrix}$ に $\beta = -\dfrac{3}{4}\alpha$ を代入して

$$x = \begin{pmatrix} \alpha \\ \beta \end{pmatrix} = \begin{pmatrix} \alpha \\ -\dfrac{3}{4}\alpha \end{pmatrix} = \alpha \begin{pmatrix} 1 \\ -\dfrac{3}{4} \end{pmatrix} = \dfrac{\alpha}{4} \begin{pmatrix} 4 \\ -3 \end{pmatrix}$$

よって、固有ベクトル x は $\begin{pmatrix} 4 \\ -3 \end{pmatrix}$ の実数倍 $\left(\dfrac{\alpha}{4} 倍 \right)$ となります。

以上より求める固有ベクトルは、$\begin{pmatrix} 1 \\ 1 \end{pmatrix}$、$\begin{pmatrix} 4 \\ -3 \end{pmatrix}$ です。

AI 実装検定では 3 次正方行列の行列式も出題されます。そのためサラスの公式を紹介します。

サラスの公式

$$\begin{vmatrix} a & b & c \\ d & e & f \\ g & h & i \end{vmatrix} = aei + bfg + cdh - (afh + bdi + ceg)$$

覚え方　1. 3 次正方行列の成分だけを下図のように 2 つ並べます。

$$\begin{array}{cccccc} a & b & c & a & b & c \\ d & e & f & d & e & f \\ g & h & i & g & h & i \end{array}$$

2. 前半の 3 列（①、②、③）は左上から右下へ、後半の 3 列（④、⑤、⑥）は右上から左下へ掛け算します。前半の 3 列は＋、後半の 3 列は－にします。

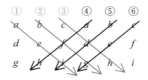

① 　＋aei 　② 　＋bfg 　③ 　＋cdh 　④ 　－afh 　⑤ 　－bdi 　⑥ 　－ceg

3. この結果を並べると　$aei + bfg + cdh - (afh + bdi + ceg)$　が得られます。
　　　　　　　　　　　　①　　②　　③　　④　　⑤　　⑥

それでは、例題を見ていきましょう。

例題　$A = \begin{pmatrix} 3 & 1 & 4 \\ 1 & 5 & 9 \\ 2 & 6 & 5 \end{pmatrix}$ の行列式 $\det A$ を求めよ。

解説＆解答　3次正方行列の成分だけを次頁の図のように2つ並べて計算します。

$$det A = 3\times5\times5 + 1\times9\times2 + 4\times1\times6 - (3\times9\times6 + 1\times1\times5 + 4\times5\times2)$$
$$= 75 + 18 + 24 - (162 + 5 + 40) = 117 - 207 = -90$$

固有値が関係する問題にもチャレンジしましょう。

例題　$A = \begin{pmatrix} 3 & 1 & 4 \\ 0 & 1 & 5 \\ 0 & 0 & 9 \end{pmatrix}$ の固有値を求めよ。

解説＆解答

$$\det(A - kE) = 0$$

$$\det\left(\begin{pmatrix} 3 & 1 & 4 \\ 0 & 1 & 5 \\ 0 & 0 & 9 \end{pmatrix} - k\begin{pmatrix} 1 & 0 & 0 \\ 0 & 1 & 0 \\ 0 & 0 & 1 \end{pmatrix}\right) = 0$$

$$\det\left(\begin{pmatrix} 3 & 1 & 4 \\ 0 & 1 & 5 \\ 0 & 0 & 9 \end{pmatrix} - \begin{pmatrix} k & 0 & 0 \\ 0 & k & 0 \\ 0 & 0 & k \end{pmatrix}\right) = 0$$

$$\det\begin{pmatrix} 3-k & 1 & 4 \\ 0 & 1-k & 5 \\ 0 & 0 & 9-k \end{pmatrix} = 0$$

3次正方行列の成分だけを下図のように2つ並べて計算します。

$$\det \begin{pmatrix} 3-k & 1 & 4 \\ 0 & 1-k & 5 \\ 0 & 0 & 9-k \end{pmatrix} = (3-k)(1-k)(9-k) + 1 \times 5 \times 0 + 4 \times 0 \times 0$$

$$- (3-k) \times 5 \times 0 - 1 \times 0 \times (9-k) - 4 \times (1-k) \times 0$$

$$(3-k)(1-k)(9-k) = 0$$

よって、固有値 k は

$$k=3、k=1、k=9$$

なお、$\begin{pmatrix} 3 & 1 & 4 \\ 0 & 1 & 5 \\ 0 & 0 & 9 \end{pmatrix}$ のように、対角成分（3 と 1 と 9）よりも下側の成分が 0

である行列を上三角行列といい、$\begin{pmatrix} 3 & 0 & 0 \\ 1 & 1 & 0 \\ 4 & 5 & 9 \end{pmatrix}$ のように対角成分（3 と 1 と 9）

よりも上側の成分が 0 である行列を下三角行列といいます。上三角行列や下三角行列のとき行列式は対角成分の積となり、固有値は対角成分となります。

例題 $B = \begin{pmatrix} 2 & 0 & 0 \\ 7 & 1 & 0 \\ 8 & 2 & 8 \end{pmatrix}$ の行列式 $det\,B$ と固有値を求めよ。

解説＆解答 B は下三角行列なので、行列式は対角成分 2、1、8 の積となります。よって

$$det\,B = 2 \times 1 \times 8 = 16$$

下三角行列の固有値 k は、対角成分なので

$$k=2、k=1、k=8$$

集合とは何か？

　本講では確率の理解に必要な集合を見ていきます。まずは言葉の定義から学習していきましょう。サイコロを考えてみます。サイコロの目で偶数は、2, 4, 6です。このようにある条件が成り立つものの集まりを集合といいます。

　確率・統計では、集合や確率の記号を知っておくと理解が早くなります。集合は ｛ ｝ を使うので、具体例で集合の記号を見ていきましょう。

　　サイコロの目を集合で表すと、サイコロの目は 1、2、3、4、5、6 なので
　　　　　　　　　サイコロの目 = {1, 2, 3, 4, 5, 6}

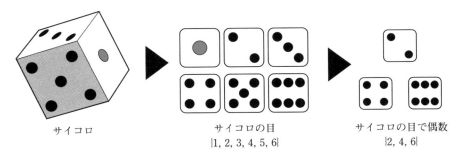

サイコロ　　　　　　　　サイコロの目　　　　　　サイコロの目で偶数
　　　　　　　　　　　　{1, 2, 3, 4, 5, 6}　　　　　　{2, 4, 6}

です。この ｛1, 2, 3, 4, 5, 6｝ は、サイコロの目の全体の集合です。全体の集合は英語で Universal set なので U で表します。
　　　　　　　　　　　U = {1, 2, 3, 4, 5, 6}

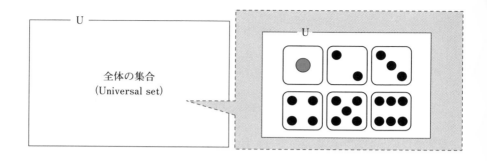

全体の集合
(Universal set)

U

集合 A に対して、A に含まれないものの集合を A の（絶対）補集合といい $\overline{A}$ と表します。集合 A と $\overline{A}$ を図で表すと下のようになります。この図のことをベン図（Venn diagram）といいます。

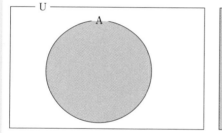

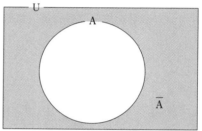

例題 1 ～ 6 の目があるサイコロを 1 回振るとき、次の集合を求めよ。

(1) 全体の集合 U　　　(2) 偶数の集合 A　　　(3) $\overline{A}$

解説＆解答　(1) サイコロの目が 1 ～ 6 なので、全体集合は
U = {1, 2, 3, 4, 5, 6} です。

(2) 偶数（2, 4, 6）の集合は A なので、A = {2, 4, 6}

(3) $\overline{A}$ は偶数の集合 A に含まれない集合なので、奇数の集合です。
よって、$\overline{A}$ = {1, 3, 5} です。ベン図で表すと次頁の通りです。

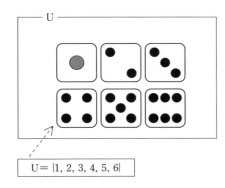

U = {1, 2, 3, 4, 5, 6}

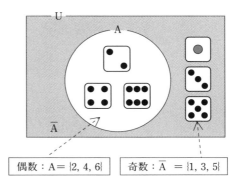

偶数：A = {2, 4, 6}　　　奇数：Ā = {1, 3, 5}

集合の個数を表す記号もあるので、ここで紹介します。

集合 A の個数（number）は記号で、$n(\mathrm{A})$ と表します。

サイコロの目で偶数の集合 A = {2, 4, 6} の場合、個数は 3 より、$n(\mathrm{A}) = 3$ です。

U = {1, 2, 3, 4, 5, 6} の個数は 6 より、$n(\mathrm{U}) = 6$ です。

例題　U = {1, 2, 3, 4, 5, 6, 7, 8, 9} を全体集合とするとき、次の集合を求めよ。

(1) 奇数の集合 B　　(2) B̄　　(3) 3 の倍数の集合 C　　(4) C̄

解説＆解答　(1) 1 ～ 9 で奇数は 1、3、5、7、9 なので　B = {1, 3, 5, 7, 9}

(2) B̄ は偶数の集合なので　B̄ = {2, 4, 6, 8}

(3) 3 の倍数の集合 C は　C = {3, 6, 9}

(4) C̄ は、1 ～ 9 の中から 3、6、9 を除いた集合なので

　　C̄ = {1, 2, 4, 5, 7, 8}

和集合と共通部分

集合 A、B があるとき、集合 A、B を合わせた部分を和集合といい、
A∪B と表し、集合 A、B の共通部分を積集合といい、A∩B と表します。

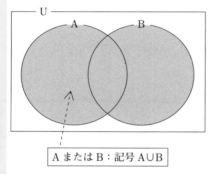

A または B：記号 A∪B

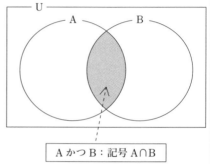

A かつ B：記号 A∩B

再びサイコロの例で考えてみましょう。

> **例題**　1〜6 の目があるサイコロを 1 回振る。A：偶数の目が出る、
> B：4 以上の目が出るとするとき、次の集合を求めよ。
>
> 　　　(1) A　　　　(2) B　　　　(3) A∪B　　　　(4) A∩B

解説＆解答　ベン図で表し、視覚化したうえで考えましょう。

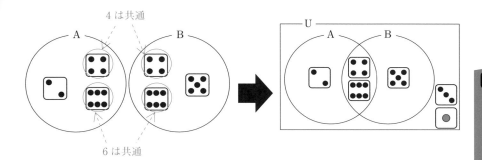

(1) 偶数の目の集合が A なので、A = {2, 4, 6}

(2) 4 以上の目（4, 5, 6）の集合が B なので、B = {4, 5, 6}

(3) A と B を合わせた部分（和集合）は、A∪B = {2, 4, 5, 6}

(4) A と B の共通部分は、A∩B = {4, 6}

例題　全体の集合 U を 1 〜 20 までの自然数とする。C：2 の倍数、D：3 の倍数とするとき、次の集合を求めよ。

(1) C　　　(2) D　　　(3) C∪D　　　(4) C∩D

解説＆解答

(1) 1 〜 20 で 2 の倍数より　C = {2, 4, 6, 8, 10, 12, 14, 16, 18, 20}

(2) 1 〜 20 で 3 の倍数より　D = {3, 6, 9, 12, 15, 18}

(3) C と D を合わせた部分（和集合）は、
　C∪D = {2, 3, 4, 6, 8, 9, 10, 12, 14, 15, 16, 18, 20}

(4) C と D の共通部分は　C∩D = {6, 12, 18}

2

数学

絶対補と相対補

　和集合、共通部分、補集合以外に必要となるのが①や②の部分で、相対補集合もしくは差集合といいます。

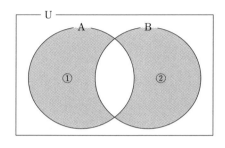

　①は A における B の相対補集合といいます。A と「B の補集合」の共通部分なので A∩$\overline{\text{B}}$ です。

　A における B の相対補集合 A∩$\overline{\text{B}}$ の要素の数は、集合 A の個数から A と B の共通部分 A∩B を除いて求めることもできます。

> A における B の相対補集合
> $$n(\text{A} \cap \overline{\text{B}}) = n(\text{A}) - n(\text{A} \cap \text{B})$$

　②は B における A の相対補集合で、（A の補集合）と B の共通部分なので $\overline{\text{A}}$∩B です。

　B における A の相対補集合 $\overline{\text{A}}$∩B の要素の数は、集合 B の個数から A と B の共通部分を除きます。

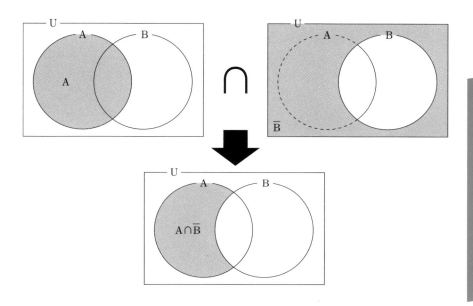

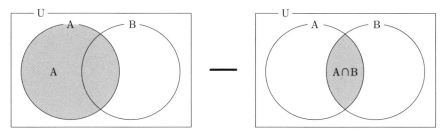

A における B の相対補集合

$$n(\overline{\mathrm{A}} \cap \mathrm{B}) = n(\mathrm{B}) - n(\mathrm{A} \cap \mathrm{B})$$

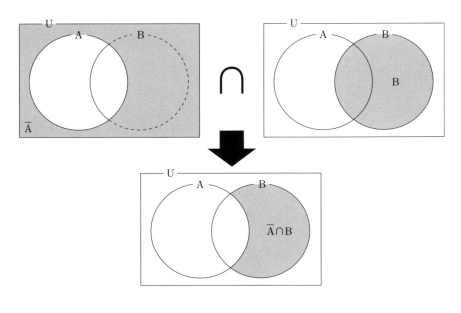

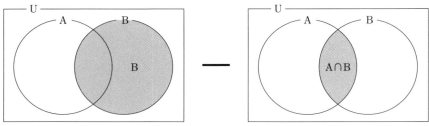

例題 1～6の目があるサイコロを1回振る。

A：偶数の目の集合、B：4以上の目の集合とするとき、次の集合を求めよ。

(1) $n(\overline{A} \cap B)$　　　(2) $n(A \cap \overline{B})$　　　(3) $n(\overline{A} \cap \overline{B})$

解説＆解答　(1)　問題文の条件から　A = {2, 4, 6}、B = {4, 5, 6}

$\overline{A}$ = {1, 3, 5} と B = {4, 5, 6} の共通部分は $\overline{A} \cap B$ = {5} となるので個数は、

$n(\overline{A} \cap B) = 1$

公式：$n(\overline{A} \cap B) = n(B) - n(A \cap B)$ を用いる場合は、

$B = \{4, 5, 6\}$ より $n(B) = 3$、$A \cap B = \{4, 6\}$ より $n(A \cap B) = 2$ となるので

$n(\overline{A} \cap B) = n(B) - n(A \cap B) = 3 - 2 = 1$

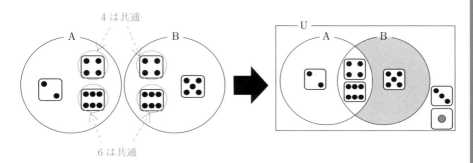

(2)　$A = \{2, 4, 6\}$ と $\overline{B} = \{1, 2, 3\}$ の共通部分は、$A \cap \overline{B} = \{2\}$ となるので個数は

$$n(A \cap \overline{B}) = 1$$

公式：$n(A \cap \overline{B}) = n(A) - n(A \cap B)$ を用いる場合は、

$A = \{2, 4, 6\}$ より $n(A) = 3$、$A \cap B = \{4, 6\}$ より $n(A \cap B) = 2$ となるので

$n(A \cap \overline{B}) = n(A) - n(A \cap B) = 3 - 2 = 1$

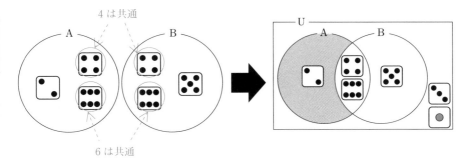

(3)　$\overline{A} = \{1, 3, 5\}$、$\overline{B} = \{1, 2, 3\}$ より、$\overline{A} \cap \overline{B} = \{1, 3\}$ となるので個数は

$$n(\overline{A} \cap \overline{B}) = 2$$

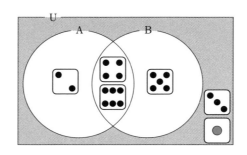

公式：$n(\overline{A}\cap\overline{B}) = n(U) - n(A\cup B)$ を用いる場合は、

$U = \{1, 2, 3, 4, 5, 6\}$ より $n(U) = 6$、$A\cup B = \{2, 4, 5, 6\}$ より $n(A\cup B) = 4$

よって、$n(\overline{A}\cap\overline{B}) = n(U) - n(A\cup B) = 6 - 4 = 2$

　ここまで確率等に必要な記号を見てきました。それでは、場合の数、確率の問題を具体的に解いていきましょう。なお、場合の数は、起こりうる場合の総数のことをいいます。サイコロの目であれば $\{1, 2, 3, 4, 5, 6\}$ の6通り、コイン（硬貨）であれば $\{表、裏\}$ の2通りです。

> **例題**　次の場合の数を求めよ。
>
> (1) a、b、c、dの4文字から2文字を選んで、それらを横1列に並べるとき、2文字の並べ方は何通りあるか。
> (2) A、B、C、D、Eの5文字から3文字を選んで、それらを横1列に並べるとき、3文字の並べ方は何通りあるか。
> (3) $_{10}P_2$ の値を求めよ。

解説＆解答　(1) のように、いくつかのものを、順番を考慮して並べた場合の数を順列といいます。a、b、c、dの4文字から選ぶ場合、1番目の文字は、「a、b、c、d」の「4通り」です。2番目の文字の並べ方ですが、4文字のうち1番目の文字を除いた3通りです。計算すると、4通りのものがそれぞれ3通りずつあるので、全部で「4通り」に対して2番目の文字の並べ方は、そ

れぞれ3通りあります。これを図で表すと樹形図（右図参照）になります。

4通りのものがそれぞれ3通りずつあるので、全部で

$$4 \times 3 = 12 \text{ 通り}$$

です。順列については記号が用意されているので紹介します。

（1）のように4文字から2文字を選んで並べる場合は「$_4P_2$」と表し、次のように計算します。

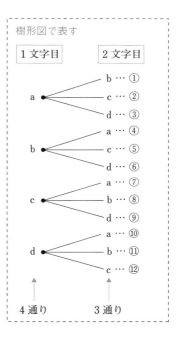

樹形図で表す

| 1文字目 | 2文字目 |

a ── b … ①
  ── c … ②
  ── d … ③

b ── a … ④
  ── c … ⑤
  ── d … ⑥

c ── a … ⑦
  ── b … ⑧
  ── d … ⑨

d ── a … ⑩
  ── b … ⑪
  ── c … ⑫

4通り　　3通り

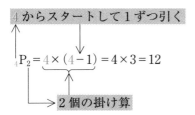

4 からスタートして1ずつ引く

$$_4P_2 = 4 \times (4-1) = 4 \times 3 = 12$$

2個の掛け算

です。「P」は順列を表す「Permutation」の頭文字です。

$_4P_3$ の場合は、4からスタートして1ずつ引いて3個掛け算すればよいので

$$_4P_3 = 4 \times (4-1)(4-2) = 4 \times 3 \times 2 = 24$$

3個の掛け算

異なる（区別のできる）n個のものからr個を選び並べた場合の数 $_nP_r$ は

$$_nP_r = n(n-1)(n-2)(n-3)\cdots$$

r個の掛け算

2

数学

107

（2）は、A、B、C、D、Eの5文字から3文字選んで並べる場合の数を求めます。これを記号で示すと「$_5P_3$」となり、5からスタートして、1ずつ引いて3個掛け算すればよいので

$$_5P_3 = \underbrace{5 \times (5-1)(5-2)}_{3\text{個の掛け算}} = 5 \times 4 \times 3 = 60$$

（3）10からスタートして、1ずつ引いた数を2個掛け算します。
$$_{10}P_2 = 10 \times 9 = 90$$

例題　次の場合の数を求めよ。

（1）A、B、C、D、Eの5人が横1列に並ぶとき、並び方の総数はいくつか。

（2）2!、4!、7!の値を求めよ。

（3）$\dfrac{7!}{4!}$ の値を求めよ。

解説＆解答　（1）　5人を横一列に並べるので
$$_5P_5 = 5 \times 4 \times 3 \times 2 \times 1 = 120$$
です。$_5P_5$のように、Pの左下にある数字と右下にある数字が一致しているときは階乗とよばれる「！」記号を使って5!と簡略化できます。

この階乗記号！は次に学習する「組合せの公式」を含めてよく使いますので、記号に慣れていきましょう。

（2）「2!は$_2P_2$」、「4!は$_4P_4$」、「7!は$_7P_7$」です、それぞれ計算すると
$$2! = {}_2P_2 = 2 \times 1 = 2$$
$$4! = {}_4P_4 = 4 \times 3 \times 2 \times 1 = 24$$
$$7! = {}_7P_7 = 7 \times 6 \times 5 \times 4 \times 3 \times 2 \times 1 = 5040$$

（3）（2）の結果から
$$\frac{7!}{4!} = \frac{5040}{24} = 210$$

と解いても大丈夫ですが、大きな数字の場合は計算量が多いため、約分していきます。

$$\frac{7!}{4!} = \frac{7 \times 6 \times 5 \times 4 \times 3 \times 2 \times 1}{4 \times 3 \times 2 \times 1} = 7 \times 6 \times 5 = 210$$

このように、約分して計算すると、確実で速く解くことができます。

例題　次の場合の数を求めよ。

(1) A、B、C、D の 4 人から 2 人を選ぶとき、選び方は何通りあるか。

(2) $_3C_1$、$_5C_2$、$_5C_3$、$_8C_4$ の値を求めよ。

(3) $\dfrac{_5C_3 \times _3C_1}{_8C_4}$ の値を求めよ。

解説＆解答　(1) のように、いくつかのものを「順番を考えず取り出し」組を作るとき、その 1 つ 1 つの組を組合せといいます。順番を考えないので「A と B」と「B と A」は同じものとみなします。「プログラミングが好きなのは A さんと B さんです」というのと「プログラミングが好きなのは B さんと A さんです」というのは同じです。このように順序を考慮しないのが組合せです。

　組合せの問題は順列の考え方を応用して解きます。順列の場合、4 つの中から 2 つを順番に選ぶ場合の数は

$$_4P_2 = 4 \times 3 = 12$$

と求めました。

　順列の場合、下表の左側のように「A と B」1 つの組合せが AB、BA に、「A と C」1 つの組合せが AC、CA と並べた分だけ別のものとして数えられています。順列の公式から組合せを数える場合、並べた分だけ重複（ダブりがある）ので、重複分で割ればよいのです。

【順列】　　　　　　　　　　　　　　　　　　　　　　　　　【組合せ】

ABCD 4 文字　　　　　　　　　　　　　　　　　　　　ABCD 4 文字

から 2 文字を選び並べる　　　　　　　　　　　　　　　から 2 文字を選ぶ

AB…① BA…④ $\longrightarrow$ A と B…①

AC…② CA…⑦ $\longrightarrow$ A と C…②

AD…③ DA…⑩ $\longrightarrow$ A と D…③

BC…⑤ CB…⑧ $\longrightarrow$ B と C…⑤

BD…⑥ DB…⑪ $\longrightarrow$ B と D…⑥

CD…⑨ DC…⑫ $\longrightarrow$ C と D…⑨

$$_4\mathrm{P}_2 \div 2 = \frac{4 \times 3}{2} = \frac{12}{2} = 6$$

重複分で割る

です。

　このように組合せの公式は、順列の公式を応用して求めることができます。まずは並べて、重複した分で割ります。そのため、

「n 個の中から r 個を選ぶ場合の数」は

$$_n\mathrm{C}_r = \frac{_n\mathrm{P}_r}{r!} = \frac{\mathrm{C を P に変えて計算}}{\mathrm{C の右下の数字の階乗}}$$

　「C」は順列を表す「Combination」の頭文字です。順列と組合せの違いは、n 個のものから r 個選んだ後「並べる」か「並べない」かです。

$_n\mathrm{P}_r$：n 個のものから r 個を選び並べる

$_n\mathrm{C}_r$：n 個のものから r 個を選ぶ

110

(2)　$_3C_1$、$_5C_2$、$_5C_3$、$_8C_4$、の値を求めよ

$$_3C_1 = \frac{_3P_1}{1!} = \frac{3}{1} = 3 \qquad _5C_2 = \frac{_5P_2}{2!} = \frac{5 \times 4}{2 \times 1} = 5 \times 2 = 10$$

$$_5C_3 = \frac{_5P_3}{3!} = \frac{5 \times 4 \times 3}{3 \times 2 \times 1} = 5 \times 2 = 10 \qquad _8C_4 = \frac{_8P_4}{4!} = \frac{8 \times 7 \times 6 \times 5}{4 \times 3 \times 2 \times 1} = 70$$

ここで $_5C_2$ と $_5C_3$ の値に注目してください。いずれも 10 ですが、これは偶然一致したわけではありません。

$_5C_2$ は「5 人から 2 人選ぶこと」ですが、2 人選ぶことで 3 人が残ります。

つまり、5 人から 2 人選ぶこと（$_5C_2$）は、5 人から残る 3 人を選ぶこと（$_5C_3$）と同じになります。ここから「n 人から r 人選ぶこと」は「n−r 人残すこと」と同じなので、次の式が成り立ちます。

$$_nC_r = _nC_{n-r}$$

(3)　この問題は組合せの公式より 1 つ 1 つ求めて

$$\frac{_5C_3 \times _3C_1}{_8C_4} = \frac{10 \times 3}{70} = \frac{30}{70} = \frac{3}{7}$$

確率の定義と確率密度関数

　次に確率と確率の記号を紹介します。A が起こる確率を P(A) と表します。確率は英語で Probability なので頭文字の P を用いることが多いです。P(A) は、A が起こる場合の数 $n(A)$ と起こり得るすべての場合の数と $n(U)$ の割合より

$$P(A) = \frac{n(A)}{n(U)} = \frac{A\text{が起こる場合の数}}{\text{起こり得る全ての場合の数}}$$

です。1 〜 6 のサイコロを 1 回振り、偶数の目が出る確率を考えてみましょう。

　求める確率は $\frac{3}{6} = \frac{1}{2}$ ですが、AI 実装検定では、p.117 の例題のように「確率の記号のみ」で解く問題もあるので、記号に慣れる必要があります。この例を記号に対応させてみます。サイコロの目の全体集合は U = {1, 2, 3, 4, 5, 6} で、個数は $n(U) = 6$ です。偶数の目の集合を A とすると、A = {2, 4, 6} で、個数は $n(A) = 3$、偶数の目が出る確率は P(A) と表すことができます。

　A = {1, 3, 5} なので、P(A) = P({2, 4, 6}) と表すこともできます。よって

$$P(A) = \frac{n(A)}{n(U)} = \frac{3}{6} = \frac{1}{2}$$

です。奇数の目が出る確率 $\frac{3}{6} = \frac{1}{2}$ も記号で表してみましょう。偶数の目の集合が A なので、奇数の目の集合は $\overline{A}$ = {1, 3, 5} で、個数は $n(\overline{A}) = 3$ より

$$P(\overline{A}) = \frac{n(\overline{A})}{n(U)} = \frac{3}{6} = \frac{1}{2}$$

です。それでは、具体的に例題を見ていきましょう。

> **例題**　トランプには、4 つの柄（♠♣♥♦）がそれぞれ 1 ～ 13 まで 1 枚ずつ、計 52 枚のカードがある。トランプの山から同時に 2 枚引いたとき、次の確率を求めよ。
> (1) ♥のカードを 2 枚引く
> (2) ♥のカードを 1 枚引く
> (3) 少なくとも 1 枚が♥である確率

解説＆解答　(1) 52 枚のトランプから 2 枚引く場合の数は $_{52}C_2$

求める場合の数は、13 枚の♥のトランプから 2 枚引く場合の数なので $_{13}C_2$

$$\frac{_{13}C_2}{_{52}C_2} = \frac{\dfrac{13 \times 12}{2 \times 1}}{\dfrac{52 \times 51}{2 \times 1}} = \frac{13 \times 12}{52 \times 51} = \frac{1}{17}$$

(2)　トランプの山から同時に 2 枚引く問題なので、♥のトランプから 1 枚引く場合、残りの 1 枚は♥以外の♠♣♦から 1 枚引く必要があります。つまり、13 枚の♥のトランプから 1 枚、♠♣♦の計 39 枚のトランプから 1 枚引くので、求める場合の数は $_{13}C_1 \times _{39}C_1$ となる。よって求める確率は

$$\frac{_{13}C_1 \times _{39}C_1}{_{52}C_2} = \frac{13 \times 39}{\dfrac{52 \times 51}{2 \times 1}} = \frac{13 \times 39}{26 \times 51} = \frac{13}{34}$$

(3)　少なくとも 1 枚が♥である場合は、ハートを 1 枚引く（2）の場合とハートを 2 枚引く（1）の場合なので

$$\frac{1}{17} + \frac{13}{34} = \frac{2}{34} + \frac{13}{34} = \frac{15}{34}$$

(3) の問題が単独で問われた場合、余事象の概念を用いて解答するほうが速く正確です。余事象を使った解法は、過去問の演習で確認していきます。

　ここで、事象と余事象の定義を押さえましょう。サイコロを振ったり、コインを投げることを試行といい、試行によって起こり得る結果のことを事象といいます。事象 A に対し、A が起こらない事象を A の余事象といいます。

■条件付き確率

機械学習などを学習する上で、条件付き確率は欠かせません。

機械学習では「モデルを設定し、現実世界のデータ（教師データ）によってそのパラメータを推定していく」手法がよく用いられます。データを全く取り入れていない学習前の状態ではパラメータの設定ができないため、最初は主観やランダムな値でパラメータを設定し、その後現実世界のデータを取り入れながらパラメータを更新していきます。この一連の計算に条件付き確率が使われます。ここでは普段扱う確率と条件付き確率を対比させながらイメージをつかんでいきましょう。

全体を U とします。事象 A（部分 A）が起こる確率 P(A) とすると、条件付き確率は、名称の通り「条件が付いた」ときの確率で、確率の分母が全体（U）ではなく、部分となっています。まずは定義と記号から紹介します。

事象 A が起こる場合に、事象 B が起こる確率を条件付き確率といい、P(B|A) と表します。「P かっこ B ギブン（given）A」と読みます。記号は右から左へ解釈していきます。

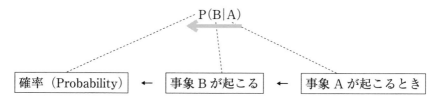

条件付き確率には、$P_A(B)$ と書く記法もあります。

条件付き確率の公式（事象 A が起こる場合に、事象 B が起こる確率）は

$$P(B|A) = \frac{P(A \cap B)}{P(A)} = \frac{A かつ B が起こる確率}{事象 A が起こる確率}$$

です。「事象 A が起こる場合」という条件が付いているので、「事象 A が起こる場合」が確率の分母になります。

公式の覚え方は

|を∩に換える

$$P(B|A) = \frac{P(B \cap A)}{P(A)} = \frac{P(A \cap B)}{P(A)}$$

B∩A と A∩B は同じです。

例題　100 人のクラスで眼鏡を掛けている生徒を調査したところ、下図の表のような結果であった。このクラスから 1 人を任意に選び

事象 A：その人が女子である
事象 B：その人が男子である
事象 C：その人がメガネを掛けている

	眼鏡	裸眼	計
男	11	9	20
女	7	3	10
計	18	12	30

とするとき、各々の記号と確率を求めよ。

(1)　女性が選ばれたとき、その人が眼鏡を掛けている
(2)　男性が選ばれたとき、その人が眼鏡を掛けている
(3)　眼鏡を掛けている人が選ばれたとき、その人が女性である

解説&解答　(1)　女性が選ばれたとき、その人が眼鏡を掛けている確率なので、記号は

事象 A　　　　　　　　　　　　事象 C

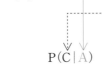

$$P(C|A)$$

	眼鏡	裸眼	計
男	11	9	20
女	7	3	10
計	18	12	30

求める確率は $\dfrac{7}{10}$

(2)　男性が選ばれたとき、その人が眼鏡を掛けている確率なので、記号は

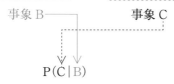

事象 B　　　　　　　　事象 C

P(C|B)

求める確率は $\dfrac{11}{20}$

	眼鏡	裸眼	計
男	11	9	20
女	7	3	10
計	18	12	30

(3)　眼鏡を掛けている人が選ばれたとき、その人が女性である確率なので、

事象 C　　　　　　　　　　　　　　事象 A

P(A|C)

求める確率は $\dfrac{7}{18}$

	眼鏡	裸眼	計
男	11	9	20
女	7	3	10
計	18	12	30

例題

$$P(A) = \dfrac{1}{4}、\ P(B) = \dfrac{3}{5}、\ P(A \cap B) = \dfrac{1}{5}$$

のとき、$P(B|A)$、$P(A|B)$、$P(B|\overline{A})$、$P(A|\overline{B})$ を求めよ。

解説&解答　例題を通して公式を使う練習をしていきましょう。

$$P(B|A) = \frac{P(B \cap A)}{P(A)} = \frac{P(A \cap B)}{P(A)} = \frac{\dfrac{1}{5}}{\dfrac{1}{4}} = \frac{\dfrac{1}{5} \times 4}{\dfrac{1}{4} \times 4} = \frac{4}{5}$$

$$P(A|B) = \frac{P(A \cap B)}{P(B)} = \frac{\dfrac{1}{5}}{\dfrac{3}{5}} = \frac{\dfrac{1}{5} \times 5}{\dfrac{3}{5} \times 5} = \frac{1}{3}$$

$$P(B|\overline{A}) = \frac{P(B \cap \overline{A})}{P(\overline{A})} = \frac{P(\overline{A} \cap B)}{P(\overline{A})}$$

ここで、$P(\overline{A})$ と $P(\overline{A}\cap B)$ を考えましょう。

$P(\overline{A})$ つまり $\overline{A}$ となる確率は、右のベン図の通り、全体（確率1）から A となる確率 $P(A)$ を除けばよいので

$$P(\overline{A})=1-P(A)=1-\frac{1}{4}=\frac{3}{4}$$

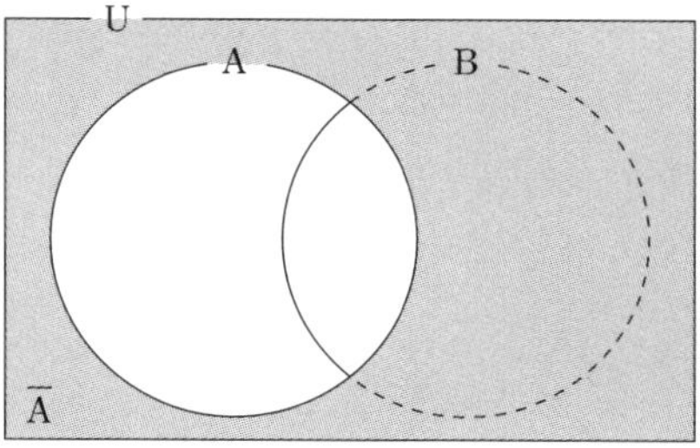

$\overline{A}\cap B$ をベン図を用いて確認すると、右図の▭部分です。

B となる確率 $P(B)$ から、A と B の共通部分 $A\cap B$ となる確率 $P(A\cap B)$ を除けばよいので

$$P(\overline{A}\cap B)=P(B)-P(A\cap B)=\frac{3}{5}-\frac{1}{5}=\frac{2}{5}$$

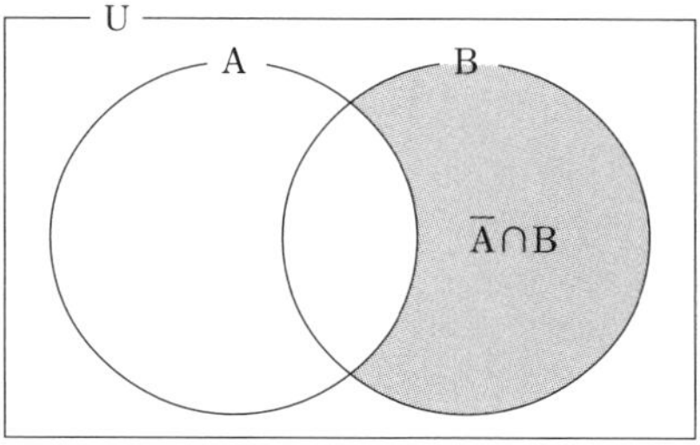

です。よって

$$P(B|\overline{A})=\frac{P(B\cap\overline{A})}{P(\overline{A})}=\frac{P(\overline{A}\cap B)}{P(\overline{A})}=\frac{\frac{2}{5}}{\frac{3}{4}}=\frac{\frac{2}{5}\times 20}{\frac{3}{4}\times 20}=\frac{8}{15}$$

ここで、$P(\overline{B})$ と $P(A\cap\overline{B})$ を考えましょう。

$P(\overline{B})$ つまり $\overline{B}$ となる確率は、右のベン図の通り、全体（確率1）から B となる確率 $P(A)$ を除けばよいので

$$P(\overline{B})=1-P(B)=1-\frac{3}{5}=\frac{2}{5}$$

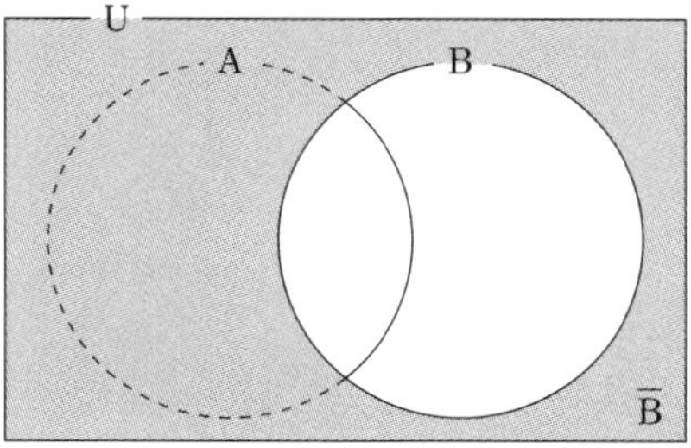

A∩B̄をベン図を用いて確認すると、右図の部分となるので、Aとなる確率P(A)から、AとBの共通部分A∩Bとなる確率P(A∩B)を除けばよいので、

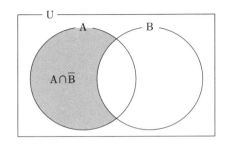

$$P(A \cap \overline{B}) = P(A) - P(A \cap B) = \frac{1}{4} - \frac{1}{5} = \frac{5}{20} - \frac{4}{20} = \frac{1}{20}$$

です。よって

$$P(A|\overline{B}) = \frac{P(A \cap \overline{B})}{P(\overline{B})} = \frac{\dfrac{1}{20}}{\dfrac{2}{5}} = \frac{\dfrac{1}{20} \times 20}{\dfrac{2}{5} \times 20} = \frac{1}{8}$$

次に、確率変数が連続値を取る場合の確率分布、連続型の確率分布について具体例を通してみていきましょう。

● 硬貨を2回投げる場合

硬貨の出方を（1回目の表裏、2回目の表裏）とすると（表、表）、（表、裏）、（裏、表）、（裏、裏）の4パターン

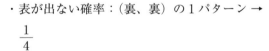

・表が出ない確率：（裏、裏）の1パターン → $\dfrac{1}{4}$

・表が1回出る確率：（表、裏）、（裏、表）の2パターン → $\dfrac{1}{2}$

・表が2回出る確率：（表、表）の1パターン → $\dfrac{1}{4}$

この関係を図表にすると右の通りです。

表が出る回数	0回	1回	2回
確率	$\dfrac{1}{4}$	$\dfrac{1}{2}$	$\dfrac{1}{4}$

● 硬貨を 3 回投げる場合

　硬貨の出方を（1 回目の表裏、2 回目の表裏、3 回目の表裏）とすると（表、表、表）、（表、表、裏）、（表、裏、表）、（表、裏、裏）、（裏、表、表）、（裏、表、裏）、（裏、裏、表）、（裏、裏、裏）の 8 パターン

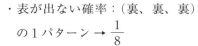
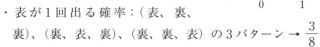

・ 表が出ない確率：（裏、裏、裏）の 1 パターン → $\dfrac{1}{8}$

・ 表が 1 回出る確率：（表、裏、裏）、（裏、表、裏）、（裏、裏、表）の 3 パターン → $\dfrac{3}{8}$

・ 表が 2 回出る確率：（表、表、裏）、（表、裏、表）、（表、表、裏）の 3 パターン → $\dfrac{3}{8}$

・ 表が 3 回出る確率：（表、表、表）の 1 パターン → $\dfrac{1}{8}$

この関係を図表にすると右の通りです。

表が出る回数	0 回	1 回	2 回	3 回
確　率	$\dfrac{1}{8}$	$\dfrac{3}{8}$	$\dfrac{3}{8}$	$\dfrac{1}{8}$

硬貨を 10 回、20 回投げた場合の図は下記の通りです。

● 硬貨を 10 回投げる場合

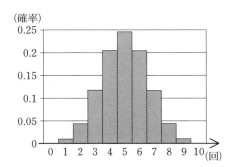

● 硬貨を 20 回投げる場合

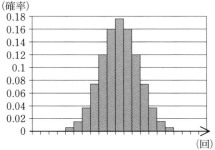

119

さらに硬貨を投げる枚数をどんどん増やしていき、150回、1500回投げた関係をグラフにすると、下図のようになめらかな山型に近付いていきます。

● 硬貨を 150 回投げる場合

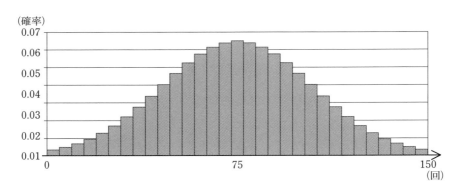

● 硬貨を 1500 回投げる場合

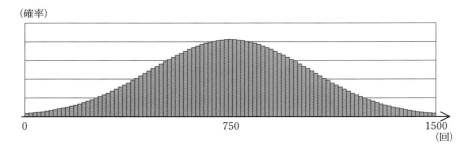

作為的なことをせず十分に多い数のデータをグラフにすると、次頁の図のような左右対称で山型の正規分布とよばれるグラフとなります。

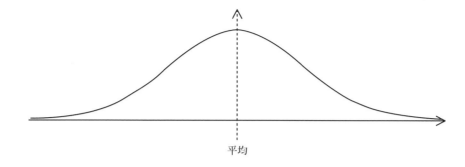

平均

確率分布を図にしたとき、正規分布と x 軸の間の面積は1となり、面積と確率が対応しています。このときこのグラフを表す関数 $f(x)$ を確率密度関数といいます。面積・確率の関係を数式で表すことで、コンパクトになるので、ここで書き方を紹介します。

「a 以上 b 未満 ($a \leq x < b$) の部分の面積 $\displaystyle\int_a^b f(x)\,dx$」は

「a 以上 b 未満 ($a \leq X < b$) となる確率 $P(a \leq X < b)$」と同じで

$$P(a \leq X < b) = \int_a^b f(x)\,dx$$

となります。「数学の試験が70点台（70点以上80点未満）の人の割合」ならば、$P(70 \leq X < 80)$ と表すことができます。

左端から右端までの面積が1となります。左端を $-\infty$、右端を ∞ とすると、左端から右端は $-\infty < X < \infty$ です。左端から右端までの面積が1、つまり左端から右端までの確率が1を式にすると、$P(-\infty < X < \infty) = 1$ と表すことができます。

章 末 問 題

問題1 次で与えられる分数関数の極限値として、正しいものを以下の選択肢から選べ。

$$\lim_{x \to 2} \frac{x^3 - 8}{x^2 - x - 2}$$

    1 1   **2** 2   **3** 3   **4** 4

解 説 因数分解して約分をします。因数分解は公式を利用します。

> **因数分解の公式**
> $$a^3 + b^3 = (a + b)(a^2 - ab + b^2) \quad \cdots ①$$
> $$a^3 - b^3 = (a - b)(a^2 + ab + b^2) \quad \cdots ②$$

問題で問われている関数の分子を $x^3 - 8 = x^3 - 2^3$ とすると
上記の公式②で $a = x$、$b = 2$ を代入したものに該当するので
$$a^3 - b^3 = (a - b)(a^2 + ab + b^2)$$
$$x^3 - 8 = x^3 - 2^3 = (x - 2)(x^2 + x \times 2 + 2^2)$$
$$= (x - 2)(x^2 + 2x + 4)$$

と因数分解できます。よって

$$\lim_{x \to 2} \frac{x^3 - 8}{x^2 - x - 2} = \lim_{x \to 2} \frac{(x - 2)(x^2 + 2x + 4)}{(x - 2)(x + 1)} = \lim_{x \to 2} \frac{x^2 + 2x + 4}{x + 1}$$

$$= \frac{2^2 + 2 \times 2 + 4}{2 + 1} = \frac{12}{3} = 4$$

よって、正答は 4。

問題 2　次式で与えられる分数関数の極限値を求めよ。

$$\lim_{x \to 0} \frac{\sin(x)}{1-x}$$

　　1　0　　　　2　1　　　　3　∞　　　4　$-\infty$

解　説　$x \to 0$　（x に 0 を代入）してみましょう。

$$\lim_{x \to 0} \frac{\sin(x)}{1-x} = \frac{\sin 0}{1-0} = \frac{0}{1} = 0$$

よって、正答は 1。

問題 3　次の二変数関数 $f(x, y)$ を x について偏微分せよ。
$$f(x, y) = 5x^2 + 4xy + 3y$$
　1　$10x + 4y$　　　2　$5x + 4y$　　　3　$5x + 7y$　　　4　$5x + 3y$

解　説　x について偏微分するので、y を定数とみなします。

$$\frac{\partial}{\partial x} f(x, y) = \frac{\partial}{\partial x}(5x^2 + 4xy + 3y)$$
$$= 5 \times 2x + 4 \times 1y + 0$$
$$= 10x + 4y$$

よって、正答は 1。なお、y についての偏微分は、x を定数とみなして

$$\frac{\partial}{\partial y} f(x, y) = \frac{\partial}{\partial y}(5x^2 + 4xy + 3y)$$
$$= 0 + 4x \times 1 + 3 \times 1$$
$$= 4x + 3$$

問題 4　次の二変数関数 $f(x, y)$ を x について偏微分せよ。
$$f(x, y) = x + ye^x$$
　1　$1 + (1+y)e^x$　　　2　$1 + ye^x$　　　3　$1 + y$　　　4　$1 + e^x$

| 解　説 | x について偏微分するので、y を定数とみなします。 |

$$\frac{\partial}{\partial x} f(x, y) = \frac{\partial}{\partial x}(x + ye^x)$$

$$= 1 + ye^x$$

よって、正答は 2。なお、y についての偏微分は、x を定数とみなし

$$\frac{\partial}{\partial y} f(x, y) = \frac{\partial}{\partial y}(x + ye^x)$$

$$= 0 + 1 \times e^x$$

$$= e^x$$

| 問題5 | $f(x) = \log x^2$ を x で微分せよ。 |

| 1　1 | 2　$\dfrac{2}{x}$ | 3　x | 4　$\log x$ |

| 解　説 | $(\log \boxed{})' = \dfrac{\boxed{}'}{\boxed{}}$ を利用します。 |

$$f'(x) = \frac{(x^2)'}{x^2} = \frac{2x}{x^2} = \frac{2}{x}$$

よって、正答は 2。

| 別　解 | $f(x) = \log x^2 = 2\log x$ と式変形してから求めます。 |

$$f'(x) = 2 \times \frac{1}{x} = \frac{2}{x}$$

| 問題6 | $f(x) = \log(x+1)$ を x で微分せよ。 |

| 1　1 | 2　$\dfrac{1}{x}$ | 3　$\dfrac{1}{x+1}$ | 4　$\log x$ |

| 解　説 | $(\log \boxed{})' = \dfrac{\boxed{}'}{\boxed{}}$ を利用します。 |

$$f(x) = \log(x+1)$$

$$f'(x) = \frac{(x+1)'}{x+1} = \frac{1}{x+1}$$

よって、正答は 3。

問題7 $f(x) = \log(x^2+1)$ を x で微分せよ。

1 $\dfrac{1}{2}$ 2 $\dfrac{2}{x+1}$ 3 $\dfrac{2x}{x^2+1}$ 4 $2x\log(x^2+1)$

解　説 $\left(\log\boxed{}\right)' = \dfrac{\boxed{}'}{\boxed{}}$ を利用します。

$$f(x) = \log(x^2+1)$$

$$f'(x) = \frac{(x^2+1)'}{x^2+1} = \frac{2x}{x^2+1}$$

よって、正答は 3。

問題8 次のベクトルの計算で、（ア）～（エ）に当てはまる数値がすべて正しい選択肢を選べ。

$$\begin{pmatrix}1\\5\\9\\6\end{pmatrix} + \begin{pmatrix}2\\7\\2\\8\end{pmatrix} = \begin{pmatrix}(ア)\\(イ)\\(ウ)\\(エ)\end{pmatrix}$$

1 （ア）3　（イ）35　（ウ）18　（エ）48
2 （ア）3　（イ）12　（ウ）11　（エ）14
3 （ア）2　（イ）35　（ウ）18　（エ）48
4 （ア）2　（イ）12　（ウ）11　（エ）14

解　説 $\begin{pmatrix}1\\5\\9\\6\end{pmatrix} + \begin{pmatrix}2\\7\\2\\7\end{pmatrix} = \begin{pmatrix}1+2\\5+7\\9+2\\6+8\end{pmatrix} = \begin{pmatrix}3\\12\\11\\14\end{pmatrix}$

よって、（ア）3　（イ）12　（ウ）11　（エ）14 なので、正解は 2。

問題 9

$a = (4, 3, 2)$、$b = \begin{pmatrix} 2 \\ 7 \\ 8 \end{pmatrix}$ のとき、$a \cdot b$ を求めよ。

1　45　　　　2　26　　　　3　2688　　　　4　4032

解　説

$$a \cdot b = (4, 3, 2) \cdot \begin{pmatrix} 2 \\ 7 \\ 8 \end{pmatrix}$$

$$= 4 \times 2 + 3 \times 7 + 2 \times 8$$

$$= 8 + 21 + 16$$

$$= 45$$

よって、正解は 1。

問題 10

$a = \begin{pmatrix} 2 \\ 5 \\ 1 \end{pmatrix}$ のとき、L1 ノルム、L2 ノルムをそれぞれ求めよ。

1　8　　　　　2　$2\sqrt{2}$　　　　3　$\sqrt{30}$　　　　4　30

解　説　　$a_1 = 2$、$a_2 = 5$、$a_3 = 1$ を代入します。

L1 ノルム：$\|a\|_{L^1} = |a_1| + |a_2| + |a_3|$
$$= |2| + |5| + |1| = 2 + 5 + 1 = 8$$
よって、正解は 1。

L2 ノルム：$\|a\|_{L^2} = \sqrt{a_1^2 + a_2^2 + a_3^2}$
$$= \sqrt{2^2 + 5^2 + 1^2} = \sqrt{4 + 25 + 1} = \sqrt{30}$$
よって、正解は 3。

問題 11 　法線ベクトルとはすべての接線（接平面）と（ア）するベクトルのことであり、（ア）するということは、2つのベクトルのなす角が（イ）であり、cos{（イ）}＝0 であることから内積は 0 となる。

1 　（ア）直交　　（イ）90°
2 　（ア）平行　　（イ）90°
3 　（ア）直交　　（イ）0°
4 　（ア）平行　　（イ）0°

解　説 　法線ベクトルとはすべての接線（接平面）と直交するベクトルなので、（ア）は直交です。直交するということは、2つのベクトルのなす角が 90° つまり、cos 90°＝0 なので、内積は 0 です。

よって、正答は 1。

問題 12 　行列の積及びアダマール積について次の式の答えはどれか、次の空欄（ア）と（イ）に当てはまる選択肢を選べ。ただし、⊙ はアダマール積を与える演算子とする。

$$\begin{pmatrix} 1 & 2 \\ 3 & 4 \end{pmatrix}\begin{pmatrix} 1 & 2 \\ 2 & 1 \end{pmatrix} = （ア）$$

$$\begin{pmatrix} 1 & 2 \\ 3 & 4 \end{pmatrix}\odot\begin{pmatrix} 1 & 2 \\ 2 & 1 \end{pmatrix} = （イ）$$

1 　$\begin{pmatrix} 2 & 4 \\ 5 & 5 \end{pmatrix}$ 　　　2 　$\begin{pmatrix} 0 & 0 \\ 1 & 3 \end{pmatrix}$ 　　　3 　$\begin{pmatrix} 1 & 4 \\ 6 & 4 \end{pmatrix}$ 　　　4 　$\begin{pmatrix} 5 & 4 \\ 11 & 10 \end{pmatrix}$

解　説 　（ア）行列の積は

$$\begin{pmatrix} 1 & 2 \\ 3 & 4 \end{pmatrix}\begin{pmatrix} 1 & 2 \\ 2 & 1 \end{pmatrix} = \begin{pmatrix} 1\times1+2\times2 & 1\times2+2\times1 \\ 3\times1+4\times2 & 3\times2+4\times1 \end{pmatrix}$$

$$= \begin{pmatrix} 1+4 & 2+2 \\ 3+8 & 6+4 \end{pmatrix} = \begin{pmatrix} 5 & 4 \\ 11 & 10 \end{pmatrix}$$

よって、正答は 4。

（イ）行列のアダマール積は、成分同士の掛け算です。

$$\begin{pmatrix} 1 & 2 \\ 3 & 4 \end{pmatrix} \odot \begin{pmatrix} 1 & 2 \\ 2 & 1 \end{pmatrix} = \begin{pmatrix} 1 \times 1 & 2 \times 2 \\ 3 \times 2 & 4 \times 1 \end{pmatrix} = \begin{pmatrix} 1 & 4 \\ 6 & 4 \end{pmatrix}$$

よって、正答は $\underline{3}$。

問題 13

$A = \begin{pmatrix} 3 & 5 \\ 2 & -2 \end{pmatrix}$ の行列式を計算せよ。

1　存在しない　　　2　0　　　3　−16　　　4　16

解　説　$A = \begin{pmatrix} a & b \\ c & d \end{pmatrix}$ の行列式は、$det A = ad - bc$ なので

$$det A = 3 \times (-2) - 5 \times 2 = -6 - 10 = -16$$

よって、正解は $\underline{3}$。

問題 14

$$A = \begin{pmatrix} 2 & 1 & 3 \\ 3 & 4 & -1 \\ 6 & 5 & 1 \\ 7 & 1 & -2 \end{pmatrix}, \quad B = \begin{pmatrix} 1 & -2 & 2 & 3 \\ 2 & 3 & -2 & 2 \\ -1 & 8 & 5 & 9 \end{pmatrix}$$

のとき、積 **AB** を求めよ。

1　$\begin{pmatrix} 1 & 23 & 17 \\ 12 & -2 & -7 \\ 15 & 11 & 7 \\ 11 & -27 & 2 \end{pmatrix}$　　　2　$\begin{pmatrix} 1 & 2 & 17 \\ 12 & -2 & -7 \\ 15 & 11 & 7 \\ 10 & 27 & 9 \end{pmatrix}$

3　$\begin{pmatrix} 1 & 23 & 17 \\ 12 & -2 & -7 \\ 15 & 11 & 7 \\ 10 & -20 & 2 \end{pmatrix}$　　　4　$\begin{pmatrix} 1 & 23 & 17 \\ 12 & -2 & -7 \\ 15 & 11 & 7 \\ 10 & 9 & 8 \end{pmatrix}$

解　説　この行列の積のすべての成分を求めようとすると解答時間が足りません。そこで、選択肢 1 ～ 4 の行列で成分が異なる (4, 2) 成分に着目すると

AB 行列の $(4, 2)$ 成分 $= \begin{pmatrix} 2 & 1 & 3 \\ 3 & 4 & -1 \\ 6 & 5 & 1 \\ \boxed{7 & 1 & -2} \end{pmatrix} \begin{pmatrix} 1 & \boxed{-2} & 2 & 3 \\ 2 & 3 & -2 & 2 \\ -1 & 8 & 5 & 9 \end{pmatrix}$

$$= 7 \times (-2) + 1 \times 3 + (-2) \times 8 = -14 + 3 - 16 = -27$$

$(4, 2)$ 成分が -27 となるのは 1 のみ。よって正答は 1 です。

なお、この行列の積の成分をすべて求めると

$$\begin{pmatrix} 2 & 1 & 3 \\ 3 & 4 & -1 \\ 6 & 5 & 1 \\ 7 & 1 & -2 \end{pmatrix} \begin{pmatrix} 1 & -2 & 2 & 3 \\ 2 & 3 & -2 & 2 \\ -1 & 8 & 5 & 9 \end{pmatrix} = \begin{pmatrix} 1 & 23 & 17 \\ 12 & -2 & -7 \\ 15 & 11 & 7 \\ 11 & -27 & 2 \end{pmatrix}$$

となることも確認できます。

問題 15

$A = \begin{pmatrix} 8 & 1 \\ 4 & 5 \end{pmatrix}$ の固有ベクトル $\begin{pmatrix} (ア) \\ (イ) \end{pmatrix}$、$\begin{pmatrix} (ウ) \\ (エ) \end{pmatrix}$ を求めよ。

1　(ア) 1　　　(イ) -4　　　(ウ) 3　　　(エ) 1

2　(ア) 1　　　(イ) -4　　　(ウ) 1　　　(エ) 1

3　(ア) 4　　　(イ) -1　　　(ウ) 3　　　(エ) 1

4　(ア) 4　　　(イ) -1　　　(ウ) 1　　　(エ) 1

解　説　　固有ベクトルを求めるために、まずは固有値を求めます。固有値を求めるために「$\det(A - kE) = 0$」を計算します。

$$\det(A - kE) = 0 \quad \cdots ①$$

$$\det\left(\begin{pmatrix} 8 & 1 \\ 4 & 5 \end{pmatrix} - k\begin{pmatrix} 1 & 0 \\ 0 & 1 \end{pmatrix}\right) = 0$$

$$\det\left(\begin{pmatrix} 8 & 1 \\ 4 & 5 \end{pmatrix} - \begin{pmatrix} k & 0 \\ 0 & k \end{pmatrix}\right) = 0$$

$$\det\begin{pmatrix} 8-k & 1 \\ 4 & 5-k \end{pmatrix} = 0$$

$$(8-k)(5-k) - 1 \times 4 = 0$$

$$k^2 - 13k + 36 = 0 \quad ←行列 A の固有方程式$$

$(k-4)(k-9)=0$　←因数分解

よって、A の固有値 k は、

$$k=4、k=9$$

です。①式「$\det(A-kE)=0$」に $k=4$ と $k=9$ を代入して、それぞれの対応する固有ベクトルを求めます。

固有値 $k=4$ に対応する固有ベクトル x を $\begin{pmatrix} s \\ t \end{pmatrix}$ とすると

$$Ax=4x \Leftrightarrow (A-4E)x=0$$

$$\left(\begin{pmatrix} 8 & 1 \\ 4 & 5 \end{pmatrix} - 4 \begin{pmatrix} 1 & 0 \\ 0 & 1 \end{pmatrix} \right) \begin{pmatrix} s \\ t \end{pmatrix} = \begin{pmatrix} 0 \\ 0 \end{pmatrix}$$

$$\left(\begin{pmatrix} 8 & 1 \\ 4 & 5 \end{pmatrix} - \begin{pmatrix} 4 & 0 \\ 0 & 4 \end{pmatrix} \right) \begin{pmatrix} s \\ t \end{pmatrix} = \begin{pmatrix} 0 \\ 0 \end{pmatrix}$$

$$\begin{pmatrix} 8-4 & 1 \\ 4 & 5-4 \end{pmatrix} \begin{pmatrix} s \\ t \end{pmatrix} = \begin{pmatrix} 0 \\ 0 \end{pmatrix}$$

$$\begin{pmatrix} 4 & 1 \\ 4 & 1 \end{pmatrix} \begin{pmatrix} s \\ t \end{pmatrix} = \begin{pmatrix} 0 \\ 0 \end{pmatrix}$$

$$\begin{pmatrix} 4s+t \\ 4s+t \end{pmatrix} = \begin{pmatrix} 0 \\ 0 \end{pmatrix}$$

よって

$$\begin{cases} 4s+t=0 & \cdots② \\ 4s+t=0 & \cdots③ \end{cases}$$

②、③いずれも　$4s+t=0$ つまり「$t=-4s$」なるので、

$x=\begin{pmatrix} s \\ t \end{pmatrix}$ に代入して、s でくくると

$$x = \begin{pmatrix} s \\ t \end{pmatrix} = \begin{pmatrix} s \\ -4s \end{pmatrix} = s \begin{pmatrix} 1 \\ -4 \end{pmatrix}$$

よって、固有ベクトル x は $\begin{pmatrix} 1 \\ -4 \end{pmatrix}$ の実数倍（s 倍）となります。

固有値 $k=9$ に対応する固有ベクトル x を $\begin{pmatrix} \alpha \\ \beta \end{pmatrix}$ とすると

$$Ax=9x \Leftrightarrow (A-9E)x=0$$

$$\left(\begin{pmatrix} 8 & 1 \\ 4 & 5 \end{pmatrix} - 9 \begin{pmatrix} 1 & 0 \\ 0 & 1 \end{pmatrix} \right) \begin{pmatrix} \alpha \\ \beta \end{pmatrix} = \begin{pmatrix} 0 \\ 0 \end{pmatrix}$$

$$\left(\begin{pmatrix} 8 & 1 \\ 4 & 5 \end{pmatrix} - \begin{pmatrix} 9 & 0 \\ 0 & 9 \end{pmatrix} \right) \begin{pmatrix} \alpha \\ \beta \end{pmatrix} = \begin{pmatrix} 0 \\ 0 \end{pmatrix}$$

$$\begin{pmatrix} 8-9 & 1-0 \\ 4-0 & 5-9 \end{pmatrix} \begin{pmatrix} \alpha \\ \beta \end{pmatrix} = \begin{pmatrix} 0 \\ 0 \end{pmatrix}$$

$$\begin{pmatrix} -1 & 1 \\ 4 & -4 \end{pmatrix} \begin{pmatrix} \alpha \\ \beta \end{pmatrix} = \begin{pmatrix} 0 \\ 0 \end{pmatrix}$$

$$\begin{pmatrix} -\alpha+\beta \\ 4\alpha-4\beta \end{pmatrix} = \begin{pmatrix} 0 \\ 0 \end{pmatrix}$$

よって

$$\begin{cases} -\alpha+\beta=0 & \cdots ④ \\ 4\alpha+4\beta=0 & \cdots ⑤ \end{cases}$$

④、⑤いずれも $\alpha=\beta$ となるので、$x=\begin{pmatrix} \alpha \\ \beta \end{pmatrix}$ に代入して α でくくって

$$x=\begin{pmatrix} \alpha \\ \beta \end{pmatrix} = \begin{pmatrix} \alpha \\ \alpha \end{pmatrix} = \alpha \begin{pmatrix} 1 \\ 1 \end{pmatrix}$$

よって、固有ベクトル x は $\begin{pmatrix} 1 \\ 1 \end{pmatrix}$ の実数倍（α 倍）となります。

以上より求める固有ベクトルは、$\begin{pmatrix} 1 \\ -4 \end{pmatrix}$、$\begin{pmatrix} 1 \\ 1 \end{pmatrix}$ です。

（ア）1 　　　（イ）−4 　　　（ウ）1 　　　（エ）1

よって、<u>正答は 2</u>。

問題 16 $A=\begin{pmatrix} 1 & 1 & 2 \\ 0 & 2 & -1 \\ 0 & 0 & 3 \end{pmatrix}$ の固有値を求めよ。

1　1, 2, 3 　　　　2　2, 3, 4 　　　　3　3, 4, 5 　　　　4　5, 6, 7

解 説 $A=\begin{pmatrix} 1 & 1 & 2 \\ 0 & 2 & -1 \\ 0 & 0 & 3 \end{pmatrix}$ のような上三角行列の固有値は対角成分となるので、

1 と 2 と 3。

よって、<u>正答は 1</u>。

問題 17 下記のベン図において、$n(U)=100$、$n(A)=43$、$n(B)=35$、$n(A \cap B)=6$、であるとき、$n(A \cap \overline{B})$、$n(\overline{A} \cap B)$、$n(\overline{A} \cap \overline{B})$ をそれぞれ求め、その最大値を選択肢から選べ。

1 33
2 35
3 37
4 39

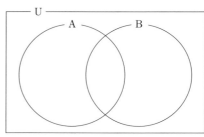

解 説 $n(A \cap B)$ の値があるので、公式を活用しましょう。

$$n(A \cap \overline{B}) = n(A) - n(A \cap B) \qquad n(\overline{A} \cap B) = n(B) - n(A \cap B)$$
$$= 43 - 6 = 37 \qquad\qquad\qquad = 35 - 6 = 29$$

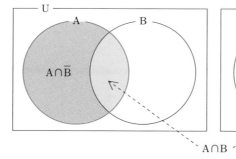

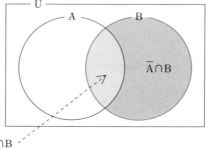

A∩B

$$n(A \cup B) = n(A) + n(B) - n(A \cap B) = 43 + 35 - 6 = 72$$
$$n(\overline{A} \cap \overline{B}) = n(U) - n(A \cup B) = 100 - 72 = 28$$

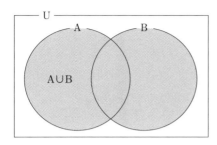

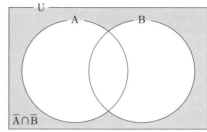

よって最大は $n(\mathrm{A}\cap\overline{\mathrm{B}})=37$ なので、<u>正答は 3</u>。

問題18 トランプには、4 つの柄（♠♣♥◆）がそれぞれ 1 〜 13 まで 1 枚ずつ、計 52 枚のカードがある。トランプの山から同時に 2 枚引いたとき、♣ のカードが 1 枚も含まれない確率を選択肢から選べ。

$1 \quad \dfrac{15}{34}$ $\qquad 2 \quad \dfrac{57}{102}$ $\qquad 3 \quad \dfrac{67}{102}$ $\qquad 4 \quad \dfrac{73}{102}$

解 説 すべての事象を求めようとすると、♣ を 2 枚引く、♣ と♠を引く、♠と ♥を引く、♠と◆を引く 4 つの場合を求める必要があり大変です。そこで、余事象と よばれる求める確率の反対、つまり♣が 1 枚も含まれない事象の確率を考えます。♣ のカード 13 枚が 1 枚も含まれない事象は、♠♥◆のカード 39 枚から 2 枚引く場合な ので

$$\frac{{}_{39}\mathrm{C}_2}{{}_{52}\mathrm{C}_2}=\frac{\dfrac{39\times38}{2\times1}}{\dfrac{52\times51}{2\times1}}=\frac{39\times38}{52\times51}=\frac{19}{34}$$

求めるのは、この事象の反対（余事象）が少なくとも 1 枚が♣である確率なので

$$1-\frac{19}{34}=\frac{15}{34}$$

よって、<u>正答は 1</u>。

問題 19 3種類の袋 A、B、C がある。袋 A には「赤球5個、白球1個」、袋 B には「赤球3個、白球3個」、袋 C には「赤球1個、白球5個」入っている。ランダムに（＝それぞれ $\frac{1}{3}$ の確率で）袋を選び、その中から球を1つ取り出したところ赤球であった。選んだ袋が A である条件付き確率を求めよ。

1 $\frac{1}{3}$　　　2 $\frac{4}{9}$　　　3 $\frac{5}{9}$　　　4 $\frac{2}{3}$

解 説 袋 A、B、C を選ぶ確率はそれぞれ $\frac{1}{3}$ です。

袋 A を選んで赤球を選ぶ確率は $\frac{1}{3} \times \frac{5}{6}$

袋 B を選んで赤球を選ぶ確率は $\frac{1}{3} \times \frac{3}{6}$

袋 C を選んで赤球を選ぶ確率は $\frac{1}{3} \times \frac{1}{6}$

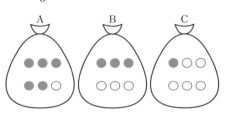

よって、袋 A、B、C を選んで赤球を選ぶ確率なので、正答は 3。

$$\frac{\frac{1}{3} \times \frac{5}{6}}{\frac{1}{3} \times \frac{5}{6} + \frac{1}{3} \times \frac{3}{6} + \frac{1}{3} \times \frac{1}{6}} = \frac{5}{5+3+1} = \frac{5}{9}$$

問題 20 次の（ア）に当てはまる数式を選択肢から選べ。

ある事象が連続型確率変数 X を取るときの確率 P は、X に有限の範囲を与えたとき、ある確率密度関数 $f(x)$ の区間積分となる。

$$P(x_1 \leq X \leq x_2) = （ア）$$

1 $\displaystyle\sum_{i=x_1}^{x_2} f(i)$　　　2 $\displaystyle\int_{x_1}^{x_2} f(x)\,dx$　　　3 $\displaystyle\prod_{i=x_1}^{x_2} f(i)$　　　4 $\displaystyle\sum_{i=x_1}^{x_2} f(0)$

解 説 P の定義は $P(x_1 \leq X \leq x_2) = \displaystyle\int_{x_1}^{x_2} f(x)\,dx$ より、正答は 2。

Google Colaboratory で Python の環境設定

Python を使う方法は様々ですが、主に以下の3つがあります。

> ①　Python を直接パソコンにインストールする。
> ②　ジュピターノートブックをパソコンにインストールする。
> ③　Google Colaboratory を利用する。

　この中で一番簡単なものは Google Colaboratory を使う方法です。本章は基本的にこの方法で進めていきます。

　Google Colaboratory は、Google が提供する**ブラウザで Python を実行できる環境**のことです。Google アカウントがあれば無料で利用できます。

　AI 実装検定ではジュピターノートブックの画面を想定したプログラミングの出題もありますが、Google Colaboratory と同じです。その理由は Google Colaboratory は、ジュピターノートブックの環境だからです。

Google Colaboratory は、Google Drive から開きます。Google Drive は、Google アカウントがあれば開くことができます。Google アカウントは Gmail と関連付けられています。

それでは、Google Colaboratory の環境構築をしてみましょう。まず「Google Drive」を検索エンジンで検索し、Google Drive のホームに行きます。

「ドライブに移動」をクリックします。

左上に表示されている「＋新規」をクリックします。

「その他」をクリックします。

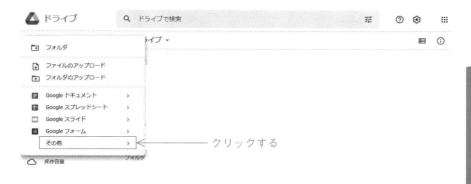

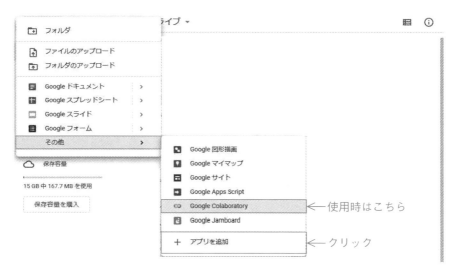

Google Colaboratory はその他のリストにありますが、はじめはありません
ので「＋アプリを追加」をクリックします。

Google ドライ
ブに対応
これらのアプリは、Google ドライブのファイル作
成や編集に直接使用できます。

検索窓に「Colabobratory」と記述します。

検索結果: colab

← クリック

インストールします。

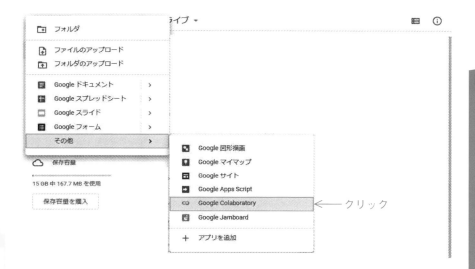

クリックすると以下の画面が現れます。これで開発環境の構築は終了です。ほぼクリックするだけでした。「Untitled0」がファイル名で編集可能です。「ipynb」が拡張子です。

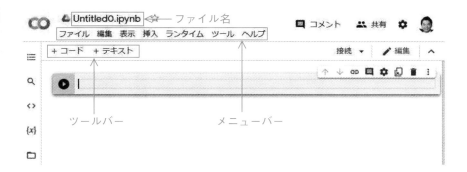

Google Colaboratory は極めて開発環境の構築が簡単ですが、Google Colaboratory 以外では開発環境を構築するだけで多くの時間が取られ、プログラミングを始める前に挫折してしまうことも多いです。

ジュピターノートブックの開発環境も容易ですが、つまずいてしまう人もいます。特にパソコンのユーザー名を英語ではなく、日本語にしている場合、つ

まずくことが多いようです。Google Colaboratory はジュピターノートブックの開発環境でつまずく人もすぐにできるほど容易です。

　また Google Colaboratory は、Google アカウントや github を使ってファイルを簡単に共有することもできます。共有しているファイルを簡単に利用することもできます。

　Google Colaboratory は、コードセルとテキストセルという 2 つのセルがあります。コードセルは、Python のコードを記述し、実行して結果を見ることができるセルで、ツールバーにある「＋コード」をクリックすると現れます。

　テキストセルは、これは文章や数式を記述するためのセルで、ツールバーにある「＋テキスト」をクリックすると現れます。

　Google Colaboratory は Python のコードを書くだけではなく、文章や数式も記述することもできます。削除は、右上のゴミ箱をクリックします。

Python でプログラムを書いてみる

それでは、Google Colaboratory を使って Python のプログラムを書いてみましょう。まず数値を表示させます。Python のプログラムは

Python の表示
print（数値）←——————（数値）を表示する

とします。10 を表示してみましょう。print（数値）の（数値）に 10 を入れた print（10）を記述します。Python のプログラムを動作させるときは、●と▷で構成される再生ボタンをクリックします。

初めてプログラムを実行するときは、セキュリティ上の注意が表示されますが、「実行する」のボタンをクリックしてください。また、初めての場合に限らず 1 回目を実行するときは、プログラムを動かすための準備が整うまで少し時間がかかります。プログラムが実行されると実行結果が現れます。

Python のコードが無事に実行されたことが確認できます。

それでは、いくつか練習しましょう。コードセルをもう1つ作ります。()の中には小数を入れることもできるので、「3.14」を表示しましょう。

　なお実行する際、矢印の再生ボタンをクリックしましたが、Shift＋Enter もしくは Ctrl＋Enter でもプログラムを実行することができます。便利なので、ぜひ活用しましょう。

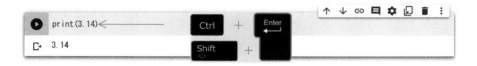

　下に print の例を3つ表示します。手を動かして慣れてください。

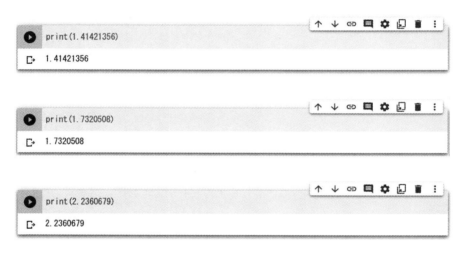

Python で簡単な計算

　print を用いて表示するプログラムを書きましたが、print を使って電卓のように加減乗除の計算をすることもできます。print（数値）の（数値）の部分に足し算（＋）、引き算（−）、掛け算（＊）、割り算（/）を用いてプログラムを書いていきます。足し算や引き算は＋と−で問題ないですが、掛け算は星印の「アスタリスク（＊）」で、割り算は「スラッシュ（/）」です。

　「6＋3」であれば print（6＋3）と記述し実行（Shift＋Enter）します。

```
print(6 + 3)
9
```

　「6−3」であれば print（6−3）と記述し実行（Shift＋Enter）します。

```
print(6 - 3)
3
```

　「6×3」であれば print（6＊3）と記述し実行（Shift＋Enter）します。

```
print(6 * 3)  # ×は*を使う
18
```

　ここで気になった方もいると思いますが、print（6＊3）の右側に書いてある「#×は＊を使う」はコメント部分で、プログラムには反映されないもので

す。後に、自分が書いたプログラムの意味を思い出す際などのために使います。

「6÷3」であれば print（6/3）と記述し実行（Shift＋Enter）します。

複数の加減乗除や（）を使うこともできます。

「1＋2×3」と「(1＋2)×3」を表示してみましょう。Python では、2つの計算をまとめて実行することができます。

四則演算は、掛け算、割り算が先で、足し算、引き算が後なので

$$1+2×3=1+6=7$$

です。（）をつけると計算の順番が優先されます。

そのため「(1＋2)×3」では 1＋2 が（）中に入っているので、優先して計算する指示に変わります。つまり

$$(1+2)×3=3×3=9$$

です。（）の扱いを含め計算方法や規則については、算数・数学と同じです。

Python で文字列の表示

前講で数値の計算を見てきました。本講では文字列を表示させます。

文字データをプログラミング言語では文字列といいます。文字列の表示で定番である「Hello World」を表示させてみます。Python では文字列を表示する場合、両端をシングルコーテーション（ '）もしくはダブルコーテーション（ "）を使って囲みます。どちらを使っても構いません。

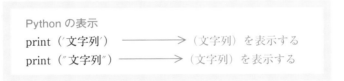

```
Python の表示
print（'文字列'）　─────＞　（文字列）を表示する
print（"文字列"）　─────＞　（文字列）を表示する
```

print（"Hello World"）とすると「Hello World」と表示されます。

```
    print("Hello World")
    Hello World    ──＞ 実行結果

[ ]  print('Hello World')
```

Google Colaboratory の場合、シングルコーテーション（ '）もしくはダブルコーテーション（ "）を入力すると、自動的に2つ挿入されます。そのため間違えることはないと思いますが、片方がシングルコーテーションでもう片方がダブルコーテーションのように併用すると、エラーとなるので注意しましょう。

```
[4]  print('Hello World')  ←——————  '□' シングルコーテーション
     Hello World
```

```
[5]  print("Hello World")  ←——————  "□" ダブルコーテーション
     Hello World
```

```
     ↑ ↓ ⊂⊃ 🗩 ⚙ 🗗 🗑 ⋮
▶  print('Hello World") #エラーとなります  ←——————  '" シングルとダブルのコラボは×

⊏→    File "<ipython-input-6-5faf0b392bfb>", line 1
        print('Hello World") #エラーとなります
                                            ^
     SyntaxError: EOL while scanning string literal

     [ SEARCH STACK OVERFLOW ]
```

　print（"Hello World"）は、「Hello World」という文字列を表示するプログラムです。この「Hello World」は、プログラミング言語の学習する際に、最初に実行するプログラムとしてよく用いられる例で、「Hello World」自体に意味はありません。

　ただし「Hello World」は、プログラミング言語の使用方法を試すだけではなく、プログラミング言語が正しくインストールされていることを確認する際などにも使われる大事なプログラムです。

　なお、文字列を囲むのにシングルコーテーション（'）とダブルコーテーション（"）の2つ利用できる理由は、シングルコーテーション（'）やダブルコーテーション（"）自身を使えるようにするためです。

　例えば I don't know. と表示したい場合、シングルコーテーション（'）を使います。そのため I don't know. をダブルコーテーション（"）で囲みます。なお、I don't know. をシングルコーテーション（'）で囲むと 'I don't know.' とシングルコーテーション（'）が3つあることになり、どこからどこまでが文字列なのかコンピュータが判断できず、エラーとなります。また、英語には直接話法という表現がありダブルコーテーション（"）を用います。

　He said to me, "I am busy today."（彼は私に「今日は忙しい」と言った）

そのためダブルコーテーションを含む文は、シングルコーテーションで囲みます。

```
print('He said to me. "I am busy." ')
He said to me. "I am busy."
```

　補足ですが、上記の文章を 'He said to me, "I'm busy today."' とするとエラーとなります。この文のようにシングルコーテーション（'）とダブルコーテーション（"）の両方を使う場合は、'He said to me, "I ¥'m busy today."' のように¥（キーボードではバックスラッシュ  ）を使います。

```
print('He said to me. "I¥'m busy." ')
He said to me. "I'm busy."
```

　続いて文字列の様々なパターンを見ていきましょう。まずは改行です。

```
print("Hello.")
print("How are you.")
Hello.
How are you.
```

　このように２行で入力することで改行する方法もありますが、１行のプログラムで改行する場合は¥n（キーボードではバックスラッシュと n）を用います。

```
print("Hello.¥nHow are you.")
Hello.
How are you.
```

　先ほど数式の計算で＋を利用しましたが、＋は文字列にも利用できます。文字列で＋を用いると文字列と文字列の連結となります。

「AI」と「実装検定」を連結して「AI 実装検定」とする場合は、print（"AI"＋"実装検定"）とします。

繰り返し表示させる場合は＊も利用できます。
Good! を 3 回繰り返す場合は、print（"Good!"＊3）とします。

続いて upper です。文字列の後に .upper（）と記述し実行すると、小文字の英単語をすべて大文字にして表示します。excellent を大文字にする場合は、print（'excellent'.upper（））とします。

続いては replace です。replace は意味からわかる通り、文中の文字を一括で置換してくれます。

replace の（）の中に important と significant と 2 つの文字列が並んでいますが、文中に important の文字列を見つけたら significant に書き換え（replace）ます。そのため It is important. が It is significant. に換わります。

　私たちは1という数に対して、数学では数値として扱い、国語では文の一部を構成する文字、つまり文字列と自然に判断して扱います。しかし、コンピュータは人間のように自然に数値と文字列を判断することができないので、人間が数値として扱う部分と文字列として扱う部分を明確に指示する必要があります。次の例を見てください。

```
print(3 + 4)  ← ── 数値として扱う
print("3" + "4")  ← ──── 文字列として扱う

7
34
```

　1行目は3と4を数値として扱っているので、3+4という数値同士の足し算となり（3+4＝）7という出力がなされます。

　一方、2行目は3と4を文字列として扱っているので、＋は文字列同士の連結となります。「文字列の3」+「文字列の4」は34。これは34「さんじゅうよん」という読み方ではなく、34「さんよん」という読み方の処理がされます。

　プログラムは、今使っている情報が数値と文字列で扱い方が変わります。

　そのため、私たちが扱いたい情報がどのような情報なのかをコンピュータに正しく伝えないと、正しい処理が行われません。

　次は関数に触れます。プログラムでは何か文字列の後ろに括弧（）があるものを見かけることがあります。これはプログラムの中で関数を呼び出す指示です。関数はコンピュータに実行して欲しいことを伝える手段の1つです。

　例えば print も関数です。print 関数は画面に指定したものを表示する機能が備わっています。言い換えると、表示させる機能を print 関数に持たせてあることになります。そのため print の（）の中に表示したい文字列、数字などを入力すると画面に表示します。本講で見てきたように、print の（）に Hello World をシングルコーテーション囲んで入力すると Hello World という文字が出力されます。

次に、先ほどの例にあった It is important. という文字列で important と significant を書き換えるものですが、書き換えの命令が replace 関数の行う処理です。

　このように、replace された文字列が print 関数に渡されて、最終的に It is significant. という文字列が画面に表示されています。例えばここを great に変えた場合は、important は great に書き換えられた後、それが print 関数で表示されるので It is great. という文字列が出力されます。

　最後にデータと変数ですが、先ほどまで見てきた Hello World、It is important. などの文字列や数値はすべてデータです。データは＝を使って、変数とよばれる自由に設定できる文字の中に入れることができるのです。

Python における
データと処理

本講では Python の変数を見ていきます。次の例を見てください。

```
h = "Hello World"  ――→ Hello World を h に格納
print(h)  ――→ h（Hello World）を表示

Hello World
```

1行目の＝の左側にある文字 h が変数です。変数はデータを格納する箱のようなイメージです。＝の右側にある文字列「Hello World」がデータです。

Python に限らずプログラミング言語では変数を多用します。変数にデータを入れることで、様々な場所で使用することができます。

また、次々に変わる値に対して同じ文字を使うことができるので、プログラムの見通しをよくすることができます。

```
A="機械学習の勉強"  ――――――→「機械学習の勉強」を A に格納
B=A.replace("機械学習","ディープラーニング")
print(A)  ┌――→「機械学習」を「ディープラーニング」にして B に格納
print(B)

機械学習の勉強
ディープラーニングの勉強
```

変数の名前は自由です。この例では「機械学習の勉強」という文字を A という変数に入れています。変数に入った文字列ですが、変数に入れる前と同じ機能を呼び出すことができます。例えば、ここでは A から「機械学習」という文字を探して「ディープラーニング」に書き換えをする関数（replace）を呼び出しています。そして呼び出して実行した結果を B に入れています。最

後に B を表示（print）することで、画面に「機械学習」という文を「ディープラーニング」に書き換えて表示します。

「機械学習の勉強」→ A に格納	A ＝ 機械学習の勉強
「機械学習をディープラーニング」にする	ディープラーニングの勉強
「ディープラーニングの勉強」→ B に格納	B ＝ ディープラーニングの勉強
A を表示 ─────────→	機械学習の勉強
B を表示 ─────────→	ディープラーニングの勉強

　このように、データと処理の組み合わせで変数を活用することがプログラミングではよくあります。例題を通して少しずつ慣れていきましょう。

> **例題**
>
> 1　文字列 'It is important.' を準備し、C という変数に入れる。
> 2　'important' を 'great' に書き換え、D という変数に入れる。
> 3　書き換えた文字列を大文字にして、E という変数に入れる。
> 4　1（変数 C）、2（変数 D）、3（変数 E）をそれぞれ表示する。

解説＆解答

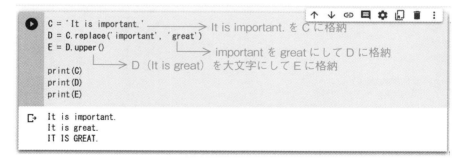

・1行目で It is important. という文字列を変数 C に格納
・2行目は important を great に書き換えた It is great. を変数 D に格納
・3行目は、D の It is great を大文字（IT IS GREAT.）にして E に格納

152

変数 C、D、E を print 関数で表示すると、C は It is important.、D は It is great.、E は IT IS GREAT. が出力されます。

この例は文字列でしたが、計算問題も同じように様々な処理を組み合わせることができます。次の例題を実行してみましょう。

例題

1　12345678 ＋ 1 をしたものを a という変数に入れる。

2　a という変数を 18 倍して、b という変数に入れる。

3　b を 1/2 倍したものを c という変数に入れる。

4　1（変数 a）、2（変数 b）、3（変数 c）をそれぞれ表示する。

```
a=12345678+1 ─────→ 12345678 ＋ 1 （＝ 12345679）を a に格納
b=a*18 ─────→ a （＝ 12345679）× 18 ＝ 222222222 を b に格納
c=b/2
        ─────→ a （＝ 222222222）÷ 2 ＝ 111111111 を c に格納
print(a)
print(b)
print(c)

12345679
222222222
111111111.0
```

1 行目で 12345678 ＋ 1 という値を実行した処理結果（12345679）を変数 a に格納しています。2 行目では 1 行目に入っている値（12345679）を 18 倍（12345679 × 18）した結果（222222222）を、変数 b に格納しています。3 行目では 2 行目に入っている値（222222222）を 2 で割った結果（111111111）を c に格納しています。

この 4 行目のように、Python では何も書かない行を設けることもできます。何も書かない行は当然何もしないため、プログラムにとっては意味のない行ですが、私たちがプログラムを書くときは、プログラムを見やすくなるように改行を入れて読みやすいプログラムにすることができます。

Pythonのライブラリを
使ってみる

　実際のPythonでは、用意されている処理だけでは足りないこともあります。そのためインターネット上には、様々なパーツを組み合わせたプログラムがライブラリとして公開され、自由に使える状態になっています。ライブラリを組み合わせることで、より複雑な処理を行うことができます。

　ライブラリの1つであるMatplotlib（マットプロットリブ）を見てみましょう。このライブラリは折れ線グラフなどのデータを簡単に視覚化できます。

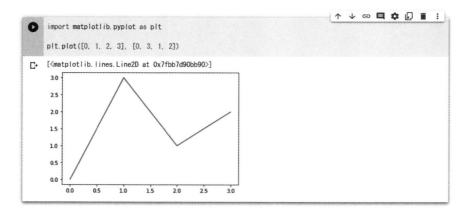

　プログラムの通り、折れ線グラフをたった2行で書くことができます。
　1行目はライブラリのMatplotlibを使うための指示です。

```
import matplotlib.pyplot as plt
```
⟶ ライブラリ Matplotlib を使う指示

　Matplotlib を使うには「import matplotlib.pyplot」とすればよいのですが、毎度 matplotlib.pyplot と入力するのは面倒です。

　そのため、plt という入力で matplotlib.pyplot の機能が使えるようにするのが「as plt」です。

　3 行目は折れ線グラフを書く具体的な指示となります。左側の ［0, 1, 2, 3］が横軸で、右側の ［0, 3, 1, 2］が縦軸の値です。

　左側の ［0, 1, 2, 3］（0）に対して、右側の ［0, 3, 1, 2］（0）⇒（0, 0）
　左側の ［0, 1, 2, 3］（1）に対して、右側の ［0, 3, 1, 2］（3）⇒（1, 3）
　左側の ［0, 1, 2, 3］（2）に対して、右側の ［0, 3, 1, 2］（1）⇒（2, 1）
　左側の ［0, 1, 2, 3］（3）に対して、右側の ［0, 3, 1, 2］（2）⇒（3, 2）

　点を結んで折れ線グラフを作成しています。

　先ほどの Matplotlib（マットプロットリブ）にあった ［0, 3, 1, 2］のように、いくつかのデータを順番に並べたものを配列といいます。次講で配列を見ていきましょう。

3
プログラミング

Python の配列

[ ] で囲んだものを配列といいます。次の例を見てください。

```
print([0, 3, 1, 2])
```
```
[0, 3, 1, 2]
```

　例では 0, 3, 1, 2 という 4 つの数字を 1 つの配列の中に束ねて ［0, 3, 1, 2］ としています。配列は、順番が並べられた状態でデータが保存されるので、特定の場所を指定して、中身を取り出すことができます。その際、Python の順番の指定は 0 番目からで、1 番からではないので注意しましょう。

$$[\,0\,,3\,,1\,,2\,]$$
$$\uparrow \quad \uparrow \quad \uparrow \quad \uparrow$$
$$0 \quad 1 \quad 2 \quad 3$$
番 番 番 番
目 目 目 目

マイナスを使うと末尾からの順番になります。

	A	I	実	装	検	定
番号	0	1	2	3	4	5
番号	−6	−5	−4	−3	−2	−1

　例えば、A ＝ ［3, 1, 4, 1, 5］ というプログラムでは、A という変数に 3, 1, 4, 1, 5 という 5 つの数値データを保存する配列データ ［3, 1, 4, 1, 5］ が入っています。配列型のデータは、特定の場所を指定して中身を取り出すことができます。実際に番号を指定して、取り出してみましょう。

　なお、この［3, 1, 4, 1, 5］の 3 は 1 番目ではなく、Python のプログラムでは番号の指定が 0 番目からなので［3, 1, 4, 1, 5］の 3 は 0 番目です。A の 0 番目を指定するには A[0] とします。

　同様に A の 1 番目を指定するには A[1] と入力します。

　4 番目にある 5 は後ろから 1 番目なので、A[－1] とも指定できます。

　A に 5 番目はありませんので、A[5] と入力するとエラーが表示されます。

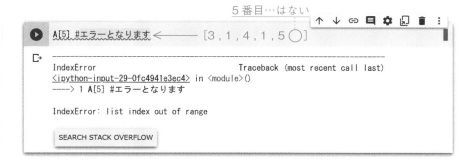

このような表示がされたときは Python のプログラムでエラーが起こっています。再生ボタンも赤くなることで、エラーになっていることがわかります。

最後は None です。None は情報データが何もないということを示すデータです。プログラムは何もないものに対しても、データが無いことを意味する特別なデータ「None」が必要となります。print で画面に表示した場合も None がそのまま表示されます。

```
print(None)
None
```

さて、ここまでは Python ではじめから使える型を見てきましたが、Python は自由に型を追加することもできます。型はデータの種類で、コンピュータが実行できる処理と対応しています。そのため同じような処理ができるものは、すべて同じ型のデータと考えることができます。

そこで同じような処理ができるものに対して、新しい型を追加できる仕組みが Python には用意されています。ライブラリは、このような型がいろいろと定義されていて、型に基づいた処理が行えるように作られています。

ここでは、具体的に NumPy を用いたプログラムを見ていきましょう。NumPy は、配列（行列）の計算やその処理を高速に行うためのライブラリです。まず NumPy をプログラム中で使うためには取り込む（import）必要があります。NumPy を取り込む（import）ための入力は「import numpy as np」です。

```
[35]  import numpy as np ──────▷ ライブラリ NumPy を使う指示
```

NumPy を取り込むだけであれば「import numpy」でよいのですが、NumPy を使うために、numpy と毎度入力するのは面倒なので「as np」を追加しています。Matplotlib.pyplot の plt と同じように NumPy の略称 np は慣例的に用いられます。それでは、次のプログラムを見てください。

```
import numpy as np

A = np.random.randint(0, 10, (4, 5))
print('A *-*-*-*-*-*-*-*-*')  ————→ 区切るための線
print(A)
print()  ————————————————→ 空白の行を作る

B = np.random.randint(0, 10, (4, 5))
print('B *-*-*-*-*-*-*-*-*')
print(B)
print()

print('A + B *-*-*-*-*-*-*-*-*')
print(A + B)
```

```
A *-*-*-*-*-*-*-*-*
[[6 7 3 6 5]
 [2 3 1 0 2]
 [7 2 8 7 1]
 [0 5 1 3 4]]

B *-*-*-*-*-*-*-*-*
[[0 7 7 4 3]
 [8 7 1 6 5]
 [3 2 7 1 7]
 [4 6 5 0 6]]

A + B *-*-*-*-*-*-*-*-*
[[ 6 14 10 10  8]
 [10 10  2  6  7]
 [10  4 15  8  8]
 [ 4 11  6  3 10]]
```

3 行目の np.random.randint は、適当な数字で埋めた配列を生成します。

4 行目から 6 行目で print を実行し、プログラムの中身が表示されています。

4 行目は、文字列で A *-*-*-*-*-*-*-*-*、5 行目に A の中身、6 行目にある print には何も渡していません。print（　）を書くことで、次の表示部分（B *-*-*-*-*-*-*-*-*）との間に 1 行の空白を生成しプログラムを見やすくしています。

3 行目から 5 行目のプログラムで A には縦方向に 4 行、横方向に 5 列の行列が生成されています。

NumPy の random.randint 関数の後ろに記述してある（4, 5）が、4 行 5 列の 2 次元配列（行列）を生成する部分に対応しています。

同様に 8 行目から 10 行目は、B という別の 2 次元配列（行列）を生成し、14 行目で 2 次元配列（行列）の足し算を行っています。

```
A + B *-*-*-*-*-*-*-*-*
[[ 6 14 10 10  8]
 [10 10  2  6  7]
 [10  4 15  8  8]
 [ 4 11  6  3 10]]
```

$$\begin{pmatrix} 6 & 7 & 3 & 6 & 5 \\ 2 & 3 & 1 & 0 & 2 \\ 7 & 2 & 8 & 7 & 1 \\ 0 & 5 & 1 & 3 & 4 \end{pmatrix} + \begin{pmatrix} 0 & 7 & 7 & 4 & 3 \\ 8 & 7 & 1 & 6 & 5 \\ 3 & 2 & 7 & 1 & 7 \\ 4 & 6 & 5 & 0 & 6 \end{pmatrix} + \begin{pmatrix} 6 & 14 & 10 & 10 & 8 \\ 10 & 10 & 2 & 6 & 7 \\ 10 & 4 & 15 & 8 & 8 \\ 4 & 11 & 6 & 3 & 10 \end{pmatrix}$$

上記の通り、配列（行列）の足し算が行われています。

次に、変数に入ったデータがどのような型になるのか、Python に用意されている type 関数で確認していきましょう。

次の例で NumPy の random.randint 関数で生成される配列の型を調べます。NumPy でデータを作り、そのデータが直接 type 関数に渡され、type 関数が調べた結果を Print 関数で表示するプログラムになっています。

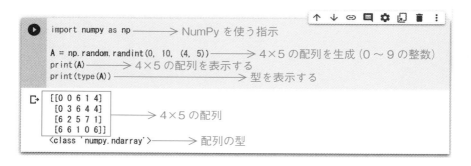

```
import numpy as np ──────→ NumPy を使う指示

A = np.random.randint(0, 10, (4, 5)) ─────→ 4×5 の配列を生成（0〜9の整数）
print(A) ──────→ 4×5 の配列を表示する
print(type(A)) ────────────→ 型を表示する

[[0 0 6 1 4]
 [0 3 6 4 4]
 [6 2 5 7 1]
 [6 6 1 0 6]] ──────→ 4×5 の配列
<class 'numpy.ndarray'> ──────→ 配列の型
```

このように numpy.ndarray という配列の型が表示されています。ndarray は、n − dimensional array の略で、n 次元配列のデータ構造で C 言語を基に配列（行列）の計算に特化した効率的な処理ができる型を示しています。

NumPy の ndarray 以外の例として pandas というライブラリの DataFrame という型をご紹介します。

pandas はエクセル（Microsoft Excel）、Google スプレッドシートのように表形式で 1 マス 1 マスにいろいろな数値データなどが入っているものを扱うライブラリです。目的を持ったデータの集まりをデータセットといいますが、Python には有名なデータセットがいくつもあります。有名なデータセットの中から、今回はアヤメの品種を分類する iris を見てみましょう。

pandas の DataFrame 型に iris のデータセットを読み込ませると表形式でデータが表示されます。

　なお、有名なデータセットは、ボストン住宅価格、アヤメ品種、糖尿病の診療、手書き文字（数字）の認識、生理学的特徴と運動能力の関係、ワインの識別、乳がんの診断などがあります。それらのデータセットは、機械学習のライブラリ scikit-learn（サイキットラーン）で手軽に実装できるので、後に詳しく見ていきます。

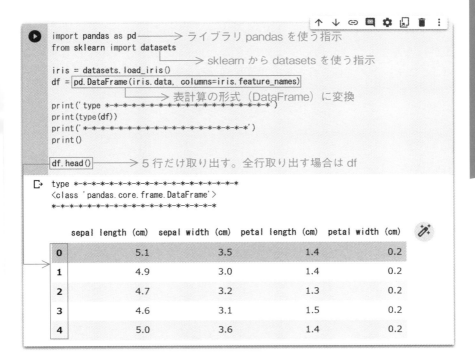

　最後の 12 行目に df.head（ ）が表示されています。この head（ ）関数は、pandas の DataFrame 型の処理で、データセットの先頭から 5 行（0 番目から 4 番目まで）を取り出します。

　上から順にプログラムを見ると、1 行目で pandas を使えるようにしています。2 行目で機械学習のライブラリ sci-kit learn（サイキットラーン）のデータセットを読み込んでいます（from sklearn import detasets）。

　読み込んだデータセットの中から iris のデータを選び（datasets_load iris）

pandas の DataFrame という表形式のデータ型に変換しています。

　7 行目のプログラムを書くことで、DataFrame 型が生成されます。

　DataFrame 型が生成されたので、この型を先ほど見てきた type 関数で調べてみます。df という変数には iris のデータを DataFrame 型にしたものが入っていますが、出力を見やすくするために、「*-*-*-*-*-*-*-*-*-*-*-*-*-*-*-*-*-」で区切りを入れています。

　結果は pandas.core.frame.DataFrame という型で、df が生成されていることがわかります。DataFrame 型ができると head 関数を呼び出すことで、このようにデータの先頭 5 件を取り出す処理がなされます。

Python で繰り返し処理 (for 文)

データに対して行われる処理の１つとして、for 文による繰り返しを見ていきます。繰り返しのプログラムは、効率化や自動化の第一歩となります。

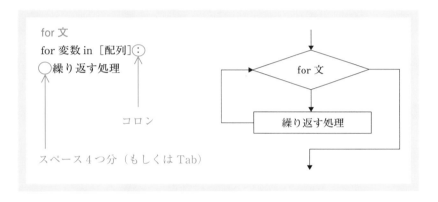

具体的に「Hello を繰り返す」プログラムを見てみましょう。

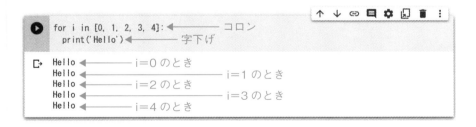

for 文はプログラムで指定した回数、同じことを実行します。for 文の後にある変数（この例では i）、そして in を書いて配列［］を置きます。ここでは 0, 1, 2, 3, 4 の５個の数字が入った配列［0, 1, 2, 3, 4］を書き、配列［］の後ろにはコロン（：）をおきます。コロン（：）の次の行に、字下げをして繰り返

し実行する内容を記述します。Google Colaboratory の場合、自動的に字下げされますが、字下げはタブキーやスペースを 4 回打ち込んでも構いません。

　ここでは print（'Hello'）、つまり「Hello」という文字列を表示するプログラムを通して、for 文の動きを見ていきましょう。for 文を記述することで Python は i＝0 から i＝4 まで 1 つずつ取り出して print（'Hello'）を実行します。実行された結果、5 個の Hello という文字列が並んでいます。

　for と in の間に挟まれた i が変数ですが、このプログラムは「Hello」を繰り返すだけですので、i という文字を使う必要はありません。その場合はアンダースコア（_）を用いることもできます。学習の初期段階で気にする必要はありませんが、アンダースコア（_）を使うとメモリの消費量を減らすことができます。

続いては、変数を動かした簡単な例を見ていきましょう。

次の例の場合 i＝0 から i＝4 まで 1 つずつ実行され、表示されます。

なお、in の後ろに記述する配列の中身は数値でなくても問題ありません。
文字列の配列であっても 1 つずつ取り出して実行します。

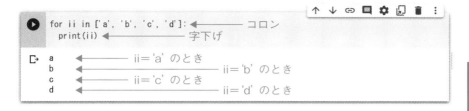

　ここでは a, b, c, d という4つの文字列が格納されていますが、for 文によって1つずつ取り出されながら実行が進んでいきます。何回も同じことを繰り返すことはよくあります。

　このように配列を用いて、for 文で1つずつプログラムを実行することもできますが、配列の要素が多い場合は大変です。そのときは range 関数を用います。range 関数の書式を見ていきましょう。

> range（初期値、終了値の手前）
> 初期値が0の場合は range（終了値の手前）とすることもできます。

例えば

　range（1, 5）：1, 2, 3, 4 ──→「1からスタートして5の手前の4まで」

　range（3）　：0, 1, 2 ──→「（0からスタートして）3の手前の2まで」

となります。実際に確認しましょう。

165

for 文を 2 つ以上使うことで、様々な応用をすることもできます。

例えば、九九を作る例は、次のようになります。

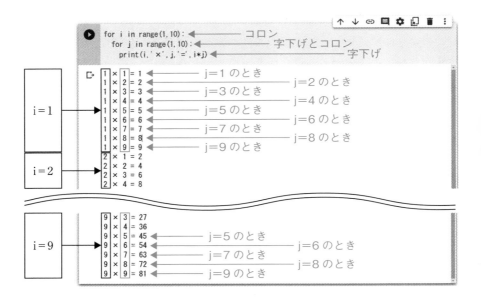

Pythonで条件分岐（if文）

　条件分岐はif文を使います。if文はfor文と同じように、ifを記述し実行したい命令を後述します。

　for文はforとinの間に変数を書き、inの後ろに配列やrangeを指定するのに対して、if文はifの後ろに実行するときの条件、実行しないときの条件を記述します。

　それではif文の書式を確認しましょう。

```
if文
if 条件:◀────── コロン
    条件が正しい場合の処理
```

　if文もfor文と同じように、ifの後ろに条件記述し、コロン（:）を付けます。条件を記述するときに、大小を比べる比較演算子が必要になるので、押さえましょう。

条　件	記　号	条　件	記　号
AとBが同じ	A==B	AとBが同じではない	A!=B
AがBより大きい	A>B	AがBより小さい	A<B
AがB以上	A>=B	AがB以下	A<=B

　「AとBが同じ」は、if文の中では「A==B」のように、2つの＝が必要になるので、注意しましょう。

　それでは例を見てみましょう。

1行目でAに80（点）を代入しています。3行目がif文で、条件はAが70（点）以上の場合「合格です」という表示がされるようになっています。今回Aは80（点）で70（点）以上なので、「合格です」と表示されています。

それでは、Aに60（点）を代入した場合を考えてみましょう。

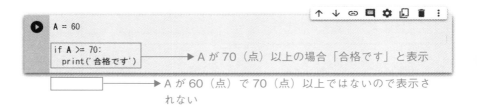

1行目でAに60（点）を代入していますが、この場合if文の条件「70点以上」を満たさないので、print関数の「合格です」が表示されず空欄となります。if文の条件を満たさない場合に何かを処理させる場合はelseを使います。

if文の多くのはelseとセットで用いられます。ifの直後は、条件を満たす場合に実行される内容を記述するのに対してelseの直後はifで書いた内容が該当しない場合に実行されるものを記述します。elseの後ろのコロン（：）を忘れないようにしましょう。

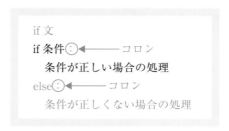

　先ほどの例に5～6行目で else 以降を追加しています。else を追加することで、if文の条件が成り立たない場合の処理がなされることになります。

　今回 else を利用することで、2つに分岐した場合をプログラムすることができましたが、このままでは3つ以上に分岐したい場合に困ります。

　そこで、3つ以上の分岐をしたい場合は、else に加えて elif を利用します。

> if文
> if 条件1：
> 　　条件1が正しい場合の処理
> elif 条件2：
> 　　条件1が成り立たず、条件2が正しい場合の処理
> elif 条件3：
> 　　条件1、2が成り立たず、条件3が正しい場合の処理
> 　　　　　　　　　　　　　⋮
> else：
> 　　if、elif が成り立たない場合の処理

それでは、4つに分岐させた例を見てみましょう。

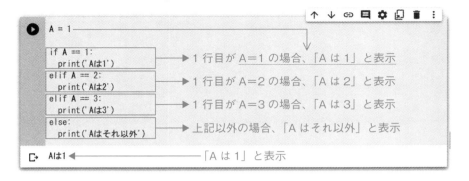

　Aが1の場合、Aが2の場合、Aが3の場合、そしてAが1, 2, 3どれでもない場合の4つの分岐を作っています。1行目でAに1が代入されているので、ifからelseの間にあるA==1が該当することになります。

　実際に実行すると「Aは1」という4行目が実行されます。

　この1行目の変数を変更して実行してみましょう。

　まずは2を代入してみます。すると5行目にあるA==2が該当し「Aは2」という6行目が実行されます。

　Aに3を代入すれば「Aは3」という8行目が実行され、Aに5を代入すると、Aが1, 2, 3のどれでもないので、「Aはそれ以外」のelse文が実行されます。分岐のプログラムを作ることで、いろいろなパターンの処理ができるようになります。

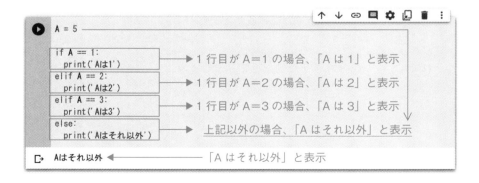

Python で関数

前講までに for 文で繰り返し、if 文で条件分岐の処理ができることを見てきました。今回紹介する関数は、繰り返しや条件分岐などの命令を1つのセットにまとめたものです。

データを渡して処理されたデータを戻すのが関数の仕組みで、この関数に渡すデータを引数、関数が処理した結果を返り値といいます。

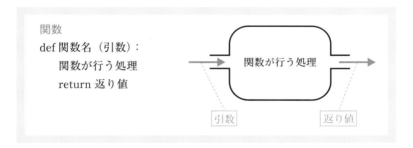

関数
```
def 関数名（引数）:
    関数が行う処理
    return 返り値
```

具体的に関数を作成し実行することで、どのような動作をするのか確認しましょう。

まず関数の作り方ですが、def という指示を記述します。def は「関数の定義（definition）」を意味しています。

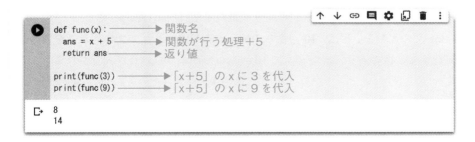

```
def func(x):            関数名
    ans = x + 5         関数が行う処理＋5
    return ans          返り値

print(func(3))          「x＋5」の x に3を代入
print(func(9))          「x＋5」の x に9を代入
```
```
8
14
```

171

前頁の例では、3行で関数が定義されています。関数名が func、引数が（）の中にある x、関数が行う処理は x + 5 です。

関数の処理は、引数としての入力値 x に対して5を足すという処理（x + 5）を行っています。引数としての入力値（3）に5を足したもの（3 + 5 = 8）をreturn で返り値としています。5行目で関数を使った表示を行っています。

6行目も同様です。

この例は、引数と返り値がどちらもある場合ですが、引数や返り値がない関数もあります。

次に、「引数がなくて、返り値がある場合」の例を見ていきましょう。

例えば、ランダムな値や文字列を生成したいときなどで、PC 上でサイコロを振り、出た目を出力する場合が相当します。プログラムを見てみましょう。

次のプログラムでは、ランダムな値を生成するために「random」を利用しています。

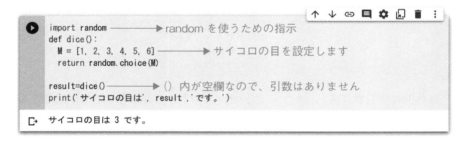

```
import random ─────▶ random を使うための指示
def dice():
    M = [1, 2, 3, 4, 5, 6] ─────▶ サイコロの目を設定します
    return random.choice(M)

result=dice() ─────▶ () 内が空欄なので、引数はありません
print('サイコロの目は', result ,'です。')
```

サイコロの目は 3 です。

choice（）で、配列［1, 2, 3, 4, 5, 6］からランダム（random）に要素の1つが選択され（choice）ます。for 文を用いるとサイコロを複数回振ることもできます。次頁で、for 文を用いてサイコロを10回振った例を見ましょう。

for 文の変数を i とし、10回振るので range（10）としてプログラムを書き、実行すると次の通り、ランダムに10回振ったサイコロの目が表示されます。

```
import random ──────▶ random を使うための指示
for i in range(10):
    def dice():   └────▶ (0 からスタートして) 10 の手前の 9 まで
        M = [1, 2, 3, 4, 5, 6]
        return random.choice(M)
                          ──── 字下げ
    result=dice()
    print(i,'回目に振ったサイコロの目は', result ,'です。')
```

```
0 回目に振ったサイコロの目は 1 です。
1 回目に振ったサイコロの目は 1 です。
2 回目に振ったサイコロの目は 5 です。
3 回目に振ったサイコロの目は 5 です。
4 回目に振ったサイコロの目は 6 です。
5 回目に振ったサイコロの目は 6 です。
6 回目に振ったサイコロの目は 3 です。
7 回目に振ったサイコロの目は 6 です。
8 回目に振ったサイコロの目は 5 です。
9 回目に振ったサイコロの目は 2 です。
```

3
プログラミング

　これまで見てきた NumPy、pandas、scikit-learn などのライブラリは、関数がたくさん集められたものです。例えば pandas というライブラリに、データの一部を取り出す head () という関数がありました。この head () という関数は、データの一部を取り出すために必要なプログラムがライブラリの中で定義されています。

　このようにライブラリの中には、様々な関数があらかじめ定義されているので、それを呼び出すだけで便利な機能を使うことができます。

　次に人工知能で利用するシグモイド（sigmoid）関数を見てみましょう。

$$\varsigma_a(x) = \frac{1}{1 + e^{-ax}}$$

シグモイド関数は、必ず出力が 0 と 1 に収まる単調増加関数です。$a = 1$ の場合がよく用いられます。

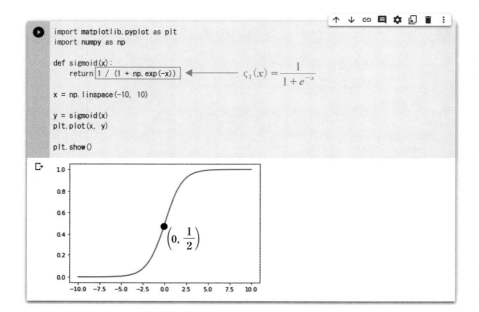

```
import matplotlib.pyplot as plt
import numpy as np

def sigmoid(x):
    return 1 / (1 + np.exp(-x))

x = np.linspace(-10, 10)

y = sigmoid(x)
plt.plot(x, y)

plt.show()
```

$$\varsigma_1(x) = \frac{1}{1 + e^{-x}}$$

$$\left(0, \frac{1}{2}\right)$$

シグモイド関数を微分すると、次の通りです。

$$\frac{d}{dx}\varsigma_a(x) = \frac{d}{dx}\left(\frac{1}{1 + e^{-ax}}\right) = \frac{ae^{-ax}}{(1 + e^{-ax})^2}$$

シグモイド関数の微分は、次のようにシグモイド関数 $\varsigma_a(x)$ を使って表すこともできます。

$$\frac{d}{dx}\varsigma_a(x) = \frac{ae^{-ax}}{(1 + e^{-ax})^2} = a\frac{1}{1 + e^{-ax}} \times \frac{e^{-ax}}{1 + e^{-ax}}$$

$$= a\frac{1}{1 + e^{-ax}} \times \left(1 - \frac{1}{1 + e^{-ax}}\right) = a\varsigma_a(x)(1 - \varsigma_a(x))$$

シグモイド関数の微分も $a = 1$ の場合がよく用いられ、最大値は 0.25（$x = 0$）となります。

$$\frac{d}{dx}\varsigma_1(x) = \varsigma_1(x)(1 - \varsigma_1(x))$$

$$\frac{d}{dx}\varsigma_1(x) \text{ の最大値} = \frac{d}{dx}\varsigma_1(0) = \varsigma_1(0)(1 - \varsigma_1(0)) = \frac{1}{2}\left(1 - \frac{1}{2}\right) = \frac{1}{4} = 0.25$$

シグモイド関数を微分したときのグラフは、次の通りです。

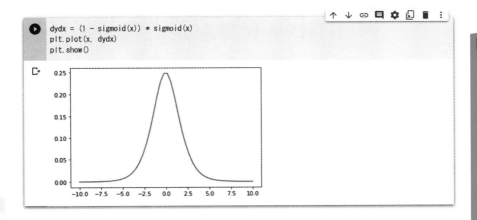

シグモイド関数のグラフとシグモイド関数を微分したグラフを表示すると、次の通りです。

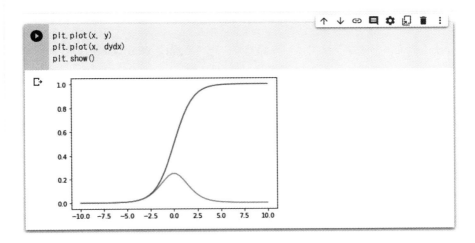

NumPy の基礎と配列

NumPy は、数値計算で特に配列（行列）の計算を効率的に行うために作られたライブラリです。

Python は、プログラムが使いやすく作りやすいため、勉強するにはよいプログラミング言語ですが、C 言語や C ++ 言語と比べると処理速度がやや遅いというデメリットがあります。

しかし NumPy を使うことで、配列（行列）の計算を非常に高速に行うことができます。NumPy の中身は、高速な計算ができる C 言語や C ++ 言語で作られているため、それらの言語で作られた機能を Python から簡単に使えるようになっていることが特徴です。また、他の機械学習ライブラリの基礎、土台として機能することが多いです。例えば、後述の pandas という統計データをうまく扱えるライブラリでは、内部でのデータ処理に NumPy が用いられています。

それでは具体例を見ましょう。まずこの Python のプログラムの中で NumPy を使えるようにインポート（import）します。インポート（import）するにはこれまでと同じように「import numpy as np」と入力します。

```
import numpy as np
```

NumPy を使うために、numpy と毎度入力するのは面倒になるので np という入力で NumPy の機能が使えるようにするのが「as np」です。

この np という numpy の略称は慣例的に用いられているので、Python のプログラムで np という文字列がある場合は、NumPy と考えてよいでしょう。

NumPy で配列のプログラム

NumPy の機能の中心である配列（行列）を見ていきます。

1×3の配列（1　2　3）を表してみましょう。配列は、数字を何個か並べた表示方法でした。（1　2　3）は、1、2、3という3つのデータからなります。Python で、配列を扱う場合は［　］を利用するので［1, 2, 3］です。NumPy を用いて配列の高速な計算できるようにするために、配列［1, 2, 3］を array 関数に入力しますので np.array（[1 , 2 , 3]）とします。

```
np.array([1 , 2 , 3])

array([1, 2, 3])
```

実行しても中身が何も変わっていないように見えますが、実際には NumPy で高速に計算ができるものに変わっています。

次は2行以上の配列（行列）の表示の方法に移ります。例えば

$$\begin{pmatrix} 1 & 7 & 3 \\ 2 & 0 & 5 \end{pmatrix}$$

を表す場合、1行ずつ配列を記述していきます。

$$\begin{pmatrix} 1 & 7 & 3 \\ 2 & 0 & 5 \end{pmatrix} \begin{array}{l} \rightarrow 1行目：[1 , 7 , 3] \\ \rightarrow 2行目：[2 , 0 , 5] \end{array} \Big\} \begin{array}{l} [1, 7, 3]、[2, 0, 5] \\ (1行目) \quad (2行目) \end{array}$$

1行目の［1 , 7 , 3］と2行目の［2 , 0 , 5］を、さらに［　］で囲んで np.array（[[1, 7, 3]、[2, 0, 5]]）とします。

```
np.array([[1 ,7, 3], [0, 5, 2]])
```
```
array([[1, 7, 3],
       [0, 5, 2]])
```

例題 NumPy を用いて、下記の3行3列の行列を生成しなさい。

$$\begin{pmatrix} 3 & 1 & 4 \\ 1 & 5 & 9 \\ 2 & 6 & 5 \end{pmatrix}$$

解説&解答 1行ずつみると、次の通りです。

$$\begin{pmatrix} 3 & 1 & 4 \\ 1 & 5 & 9 \\ 2 & 6 & 5 \end{pmatrix}$$ → 1行目：[3 , 1 , 4]　（1行目）（2行目）（3行目）
→ 2行目：[1 , 5 , 9]　[3, 1, 4]、[1, 5, 9]、[2, 6, 5]
→ 3行目：[2 , 6 , 5]

1行目の [3, 1, 4]、2行目の [1, 5, 9]、3行目の [2, 6, 5] を配列 [　] にして np. array（[[3 , 1 , 4]、[1 , 5 , 9]、[2 , 6 , 5]]）とします。

例題 NumPy を用いて、下記の3行1列の行列を生成しなさい。

$$\begin{pmatrix} 4 \\ 5 \\ 6 \end{pmatrix}$$

解説&解答 1行ずつみると、次の通りです。

1行目の [4]、2行目の [5]、3行目の [6] を配列 [　] にして np. array（[[4]、[5]、[6]]）とします。

NumPy で配列の演算
（掛け算）

それでは、次に配列（行列）の掛け算を見ていきます。

> NumPy で行列 A と行列 B の積は　　A.dot（B）　もしくは　A@B

　配列（行列）の掛け算は、NumPy の dot 関数を使います。Python のバージョンが 3.5 以降の場合は、A@B としても行列の積となります。それでは行列の積の計算を復習しつつ、Python による行列の積を実装しましょう。

> **例題**　NumPy を用いて、次の行列の積を求めなさい。
>
> $$(1 \quad 2) \begin{pmatrix} 3 & 4 \\ 5 & 6 \end{pmatrix}$$

解説&解答　行列の積を計算すると

$$(1 \quad 2) \begin{pmatrix} 3 & 4 \\ 5 & 6 \end{pmatrix} = (1 \times 3 + 2 \times 5 \quad 1 \times 4 + 2 \times 6) = (13 \quad 16)$$

です。(1　2) を行列で表すと、np.array（[1, 2]）で、これを x とします。
$\begin{pmatrix} 3 & 4 \\ 5 & 6 \end{pmatrix}$ を行列で表すと、1 行目の [3, 4]、2 行目の [5, 6] を配列 [　] にして np.array（[[3, 4]、[5, 6]]）で、これを w とします。
　行列 x と行列 w の積 xw は、x.dot（w）なので、次の通りです。

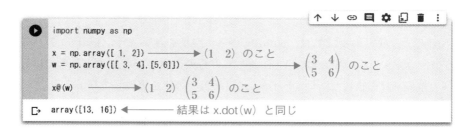

```
import numpy as np

x = np.array([ 1, 2])  ────────►  (1  2) のこと
w = np.array([[ 3, 4],[5,6]])  ────────►  $\begin{pmatrix} 3 & 4 \\ 5 & 6 \end{pmatrix}$ のこと

x.dot(w)  ────────►  (1  2) $\begin{pmatrix} 3 & 4 \\ 5 & 6 \end{pmatrix}$ のこと

array([13, 16])
```

Python3.5 以降の場合は @ が使えるので、次のようにしても答えを求めることができます

```
import numpy as np

x = np.array([ 1, 2])  ────────►  (1  2) のこと
w = np.array([[ 3, 4],[5,6]])  ────────►  $\begin{pmatrix} 3 & 4 \\ 5 & 6 \end{pmatrix}$ のこと

x@(w)  ────────►  (1  2) $\begin{pmatrix} 3 & 4 \\ 5 & 6 \end{pmatrix}$ のこと

array([13, 16])  ◄──── 結果は x.dot(w) と同じ
```

NumPy で配列の生成

　配列を自動的に生成する関数を見ていきましょう。まずは np.zeros です。np.zeros は指定した数だけ 0 で埋められた配列（行列）を生成します。

　例えば np.zeros(5) と入力すると、0 が 5 つ並んだ配列が生成されます。

```
import numpy as np
np.zeros(5, dtype=int)
```
```
array([0, 0, 0, 0, 0])
```

　先ほどの例ではなかった dtype＝int を付け加えていますが、これは integer（整数）という表示が新たに付け加えられています。NumPy の配列の各要素にはデータの型があり、配列の中の要素の型を指定するのが dtype です。

　指定している int は整数（integer）の意味なので、np.zeros 生成される 5 個の 0 は、1 つ 1 つが整数の 0 であることを意味しています。dtype＝int を入れず、np.zeros(5) だけ入力すると

```
np.zeros(5)
```
```
array([0., 0., 0., 0., 0.])
```

となります。先ほどの例は 1 行の配列でしたので、2 行以上の配列（行列）の場合を紹介します。例えば 3×5 の配列（行列）を

$$\begin{pmatrix} 0 & 0 & 0 & 0 & 0 \\ 0 & 0 & 0 & 0 & 0 \\ 0 & 0 & 0 & 0 & 0 \end{pmatrix}$$

とする場合は、np.zeros((3, 5), dtype＝int) とします。

```
np.zeros((3, 5), dtype=int)
array([[0, 0, 0, 0, 0],
       [0, 0, 0, 0, 0],
       [0, 0, 0, 0, 0]])
```

続いて np.ones という関数を見ていきましょう。np.zeros は、配列（行列）が 0 で埋められていましたが、np.ones は配列（行列）を 1 で生成します。

3×5 の配列（行列）を 1 で埋めた

$$\begin{pmatrix} 1 & 1 & 1 & 1 & 1 \\ 1 & 1 & 1 & 1 & 1 \\ 1 & 1 & 1 & 1 & 1 \end{pmatrix}$$

を表していきます。np.zeros((3, 5), dtype＝int) の zeros を ones に変更します。合わせて dtype も整数の型以外に変更してみましょう。

```
np.ones((3, 5), dtype=float)
array([[1., 1., 1., 1., 1.],
       [1., 1., 1., 1., 1.],
       [1., 1., 1., 1., 1.]])
```

今回の dtype である float は浮動小数点という表記です。Python で浮動小数点は「1.」のように小数点つきで表示されます。

一方の整数は小数点が出てきませんので、同じ数値であっても点がついているかどうかで、整数なのか浮動小数点なのかを見分けることができます。私たち人間の世界では、整数と小数を意識して使い分けすることはありませんが、コンピュータの世界では整数と小数は大きな違いがあります。実際に掛け算や割り算をしたときに、整数と小数で違いが現れます。

整数で割り算の結果を表示する際は、全部整数の表示となります。その際、割り切れない場合は、切り捨てられます。小数で行うと掛け算や割り算の結果は、小数を含めた形で表されます。

　続いて numpy の full（np.full）を見ていきましょう。np.full は今までの np.zeros や np.ones と同じようなもので、配列（行列）をすべて指定した数にすることができます。np.zeros は 0、np.ones は 1 でしたが、np.full は、数を指定することができます。例えば、3×4 の配列（行列）をすべて 3.14 にした配列（行列）は、np.full((3, 4), 3.14) とします。

```
np.full((3, 4), 3.14)
array([[3.14, 3.14, 3.14, 3.14],
       [3.14, 3.14, 3.14, 3.14],
       [3.14, 3.14, 3.14, 3.14]])
```

$$\begin{pmatrix} 3.14 & 3.14 & 3.14 & 3.14 \\ 3.14 & 3.14 & 3.14 & 3.14 \\ 3.14 & 3.14 & 3.14 & 3.14 \end{pmatrix}$$

np.full((3, 4), 3.14) に dtype＝int を加えると整数部分のみ生成されます。

```
np.full((3, 4), 3.14 , dtype=int)
array([[3, 3, 3, 3],
       [3, 3, 3, 3],
       [3, 3, 3, 3]])
```

$$\begin{pmatrix} 3.14 & 3.14 & 3.14 & 3.14 \\ 3.14 & 3.14 & 3.14 & 3.14 \\ 3.14 & 3.14 & 3.14 & 3.14 \end{pmatrix}$$

次の np.arange は具体例から見ていきましょう。

```
np.arange(0, 20, 3)
array([ 0,  3,  6,  9, 12, 15, 18])
```

　np.arange は 1 次元の配列を作ります。np.arange (0, 20, 3) は、0 から 20 までの数字を 3 つ飛ばしにした配列を作ります。0 から始まり 3 つ飛ばすと 3、さらに 3 つ飛ばすと 6、同様に 3 つずつ飛ばしていくと 9、12、15、18 となります。18 の次の 21 は、指定している 20 を超えるため除外され、配列の中は 0 から 18 までの数字［0, 3, 6, 9, 12, 15, 18］となります。

　次の linspace は、等間隔の配列を作ります。

> linspace（初めの値、最後の値、要素の数）

下述は 0 から 1 まで、要素を 5 つにした等間隔の配列を生成する場合です。

```
np.linspace(0, 1, 5)
array([0.  , 0.25, 0.5 , 0.75, 1.  ])
```

5 つの要素なので 0、0.25、0.5、0.75、1 で生成します。

下記は、0 から 4 まで、要素を 5 つにした等間隔の配列を生成する場合です。

```
np.linspace(0, 4, 5)
array([0., 1., 2., 3., 4.])
```

linspace は、後述するグラフなどを描写するライブラリ matplotlib で sin や cos などを描写する際などに活用します。

次の random は、0 から 1 の範囲でランダムな数字で埋めます。3 行 4 列の行列を、0 から 1 のランダムな数で生成する場合です。

```
np.random.random((3, 4))
array([[0.48540921, 0.47818336, 0.70216388, 0.21883726],
       [0.85734186, 0.54191913, 0.48005668, 0.29136631],
       [0.36318005, 0.13803123, 0.39400774, 0.36080572]])
```

次の random.normal は正規分布に基づいた配列を生成します。

```
np.random.normal(0, 1, (3, 3))
array([[ 0.81874252,  0.55522141, -1.77893322],
       [ 1.61930105, -0.50664548,  1.16235032],
       [ 0.36913624, -1.1622478 ,  0.41626456]])
```

　1つ目の引数には平均の値を、2つ目の引数には分散の値を指定します。最後の引数は行列のサイズで、3行3列です。

　ここまでで0から1のランダムな数で配列を生成する方法を見てきましたが、整数を生成する場合はrandint関数を使います。randint関数を使って、3行4列の配列を0から19まで20の数字で埋める場合を見てみましょう。

```
np.random.randint(0, 20, (3, 4))

array([[ 4, 12,  9,  7],
       [13, 17, 13, 18],
       [17,  4, 19,  1]])
```

　このようにrandintは、範囲を指定して、配列を生成する方法です。

　整数の配列は、画像データなどに活用されます。例えばスマートフォンなどで撮った写真が4000ピクセル×3000ピクセルだとすると、これは4000個×3000個の数値を集めた配列に置き換えることができます。

　各ピクセルは赤緑青（RGB）の3色で構成されて、それぞれの色に対して0から255まで計256の数値で色の強さを表現します。

赤（R）= 157
緑（G）= 204
青（B）= 224

の場合は水色となります。

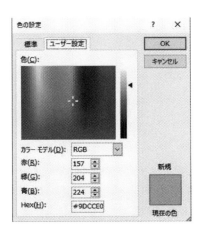

このrandint関数は、画像データをダミーで作るときなどにも活用しますが、そのときは、範囲を0から255にして表したい大きさの画像データを擬似的に作り、プログラムの動作を検証します。

　次の np.eye は単位行列を作る関数です。単位行列は、斜め成分（対角成分）が1で、他は0です。単位行列は正方行列なので、指定する数値は1つです。

　＊（アスタリスク）を用いることで、単位行列の実数倍を表すこともできます。5次単位行列の対角成分を3にする場合は、np.eye(5) を＊3とします。

NumPy の情報取得機能

　次に配列の情報を取得する方法を見ていきましょう。まず配列（行列）を準備します。

　この場合は、3×4 の配列（行列）で 12 個の要素があります。範囲は 0 から 19 までの 20 ですが、これらの情報を取得する方法を見ていきます。

　ここでは実際に用いられている digits のデータセットを例にして、配列の情報を取得していきましょう。digits は手書き文字のデータセットで機械学習を勉強する際によく用いられます。

　digits のデータセットは次の図のような 8×8 ピクセルの小さな画像です。

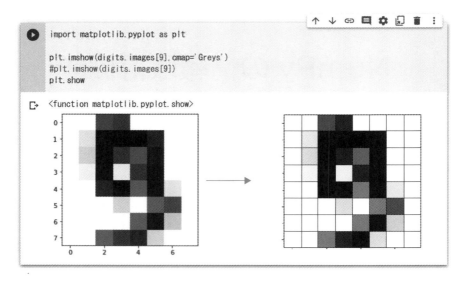

```
import matplotlib.pyplot as plt

plt.imshow(digits.images[9], cmap='Greys')
#plt.imshow(digits.images[9])
plt.show
```

<function matplotlib.pyplot.show>

0～8までの数字も見てみると

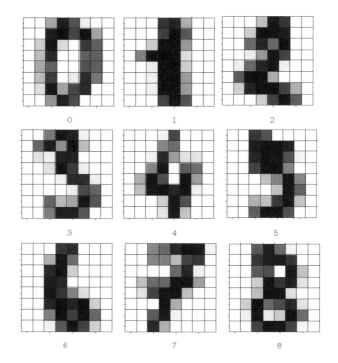

　スマートフォンなどで撮った画像は4000×3000などのサイズなので、8×8の画像が小さく荒いものであることは想像できます。

　このような8×8の画像と対応する数字をペアにしてあるデータセットがdigitsです。このデータセットは機械学習や人工知能の練習をするときなどに画像を読み込んで、その画像に書かれている数字を当てるプログラムを作るときなどに練習問題としてよく用いられます。

　実際にデータセットの中身を見ていきましょう。

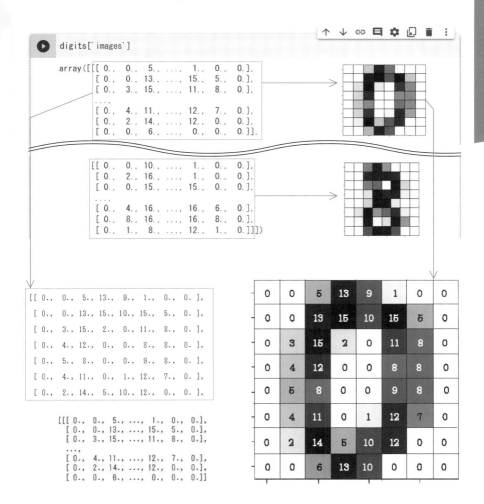

データセットを読み込むと画像を保存している部分（images）と、この画像に対する数字の情報を保存している部分（target）の2つに分かれていることがわかります。画像のデータの部分（images）は前頁の通り白の0から黒の16までの数字で、それぞれの画像のピクセルの濃さを表現しています。

　target について見てみると、次の通りです。

　それでは、配列（行列）の情報を取得していきましょう。まず ndim で配列（行列）の次元を見ていきます。ndim の数値は次の通りです。

ndim	0	1	2	3以上
python	1 など数値	[1 2]	[[1 2]] [[1 2 3 4]]	[[[1 2 3 4]] [[5 6 7 8]]]
数学の 表し方	1	(1, 2)	(1 2) $\begin{pmatrix} 1 & 2 \\ 3 & 4 \end{pmatrix}$	
応用できるもの	スカラー	ベクトル	行列	3階テンソル 以上

　images の次元（ndim）は、次の通り3です。

　この3について考えてみましょう。1枚1枚の画像は、縦方向に8ピクセル、横方向に8ピクセルで、配列（行列）にすると縦方向に8個、横方向に8個数字が並んでいます。つまり、各画像は2次元のデータです。images は、この

ような 2 次元の画像データが何千枚も束ねられています。画像 1 枚につき 2 次元の配列（行列）が存在し、何千枚も重なることで 3 次元配列となっています。続いて target も見てみましょう。

target は 1 と表示されました。これは 1 枚 1 枚の画像に対して、1 つ 1 つの数字 0 ～ 9 が割り当てられているため、1 次元なので ndim は 1 です。

この次元数と NumPy で配列を表示したときの［ ］のペア数は一致します。例えば images は ndim ＝ 3 なので、［ ］の数が 3 個とわかります。

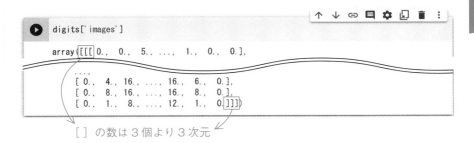

一方で target は、1 つの［ ］だけで表現されています。このように ndim は［ ］の数を示してくれます。

続いては shape を見ていきます。shape は機械学習のプログラムなどを作る際によく活用します。この shape のプロパティを用いると、配列の形状を知ることができます。

冒頭の 1797 と 2、3 列目の 8 に分けて考えます。2、3 列目の 8 は 8×8 の 1枚の画像を表し、その画像の枚数を表しているのが、1 列目の 1797 です。()の数字は左側に行くほど配列の外側の情報を示し、右側に行くほど内側の情報を示す数字となっています。

例えばこのデータがカラー画像の場合、さらにこの右側に緑赤青の 3 色を示す 3 という shape が加わることになります。画像の枚数と合わせると 4 次元の情報で例えば 1797×8×8×3、つまり（1797, 8, 8, 3）の形でカラー画像が表現されます。続いては target の形状を確認しましょう。

1797 枚の画像それぞれに対して正解の数字が記録されているので、shapeは 1797 となります。次からは実際に次元数や shape などが理解できるように、小さな配列を用いて確認していきます。

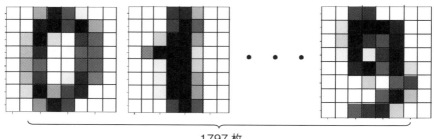

1797 枚

```
x1 = np.zeros(6, dtype=np.float16)
x2 = np.zeros((3, 4), dtype=np.uint8)
x3 = np.zeros (2, 4, 5), dtype=np.float32)
```

　x1 から x3 まで np.zeros を使って配列を生成しています。x1 は 0 が 6 個並んだ配列（0　0　0　0　0　0）で、dtype には float16 という型を指定しています。float16 は、16 ビットの浮動小数点で、小数の仲間です。

```
x1
```

```
array([0., 0., 0., 0., 0., 0.], dtype=float16)
```

　x2 は 3×4 の 2 次元の配列（行列）を作ります。縦方向に 3 つ横方向に 4 つ 0 が並んだ数字が入った行列が作られます。dtype は uint8 で、符号なし 8 ビット整数型なので整数の仲間の配列（行列）を作っています。

```
x2
```

```
array([[0, 0, 0, 0],
       [0, 0, 0, 0],
       [0, 0, 0, 0]], dtype=uint8)
```

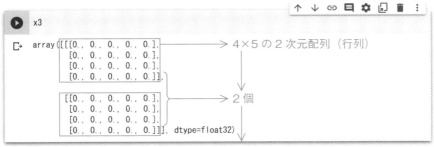

```
x3
```

```
array([[[0., 0., 0., 0., 0.],
        [0., 0., 0., 0., 0.],
        [0., 0., 0., 0., 0.],
        [0., 0., 0., 0., 0.]],

       [[0., 0., 0., 0., 0.],
        [0., 0., 0., 0., 0.],
        [0., 0., 0., 0., 0.],
        [0., 0., 0., 0., 0.]]], dtype=float32)
```

→ 4×5 の 2 次元配列（行列）

→ 2 個

2×4×5 の 3 次元配列（テンソル）

　x3 は（2, 4, 5）なので、4×5 の配列（行列）が 2 つです。少し大きな配列

ですが float32 という dtype を使って小数の 0 で全部を埋めた配列を作っています。このように次元（ndim）、サイズ（size）、形状（shape）が異なる x1、x2、x3 の配列が準備できたので、次元と形状を確認していきましょう。

x1 は（0 0 0 0 0 0）と横方向に数字の 0 が 6 個並んでいるだけなので、次元数は 1 です。

x2 の次元数を確認すると 2 と表示されます。

x3 の次元数は 3 です。

x3 は 4×5 の配列が 2 個で（2, 4, 5）です。4×5 の 2 次元配列（行列）が複数ある場合、3 次元の配列（テンソル）として処理が行われます。

続いて shape を確認していきます。1 つ目は（0 0 0 0 0 0）と 6 個の要素が 1 列に並んだ配列なので、shape は 6 となります。

2 つ目は 2 次元の配列（行列）でした。

x2 $=\begin{pmatrix} 0 & 0 & 0 & 0 \\ 0 & 0 & 0 & 0 \\ 0 & 0 & 0 & 0 \end{pmatrix}$ 3行 で 3×4 の配列なので shape は $(3, 4)$ と表示されます。
←4列→

3つ目は3次元の配列で、4×5 の配列（行列）が
2つあるので shape は $(2, 4, 5)$ と表示されます。

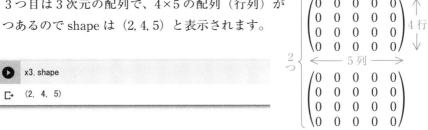

ここまで ndim や shape で次元や形状を見てきましたが、実際に機械学習のプログラムなどを行う際は、配列の形状（shape）に気をつけることとなります。shape はよく使う関数なので、使い方や読み方に慣れておきましょう。

あわせて、データ内の行列の要素数を調べる size というプロパティも用意されています。size は shape と比較すると違いがわかりやすいです。

1つ目の x1 には6個の数字が入っていましたので size は 6、x2 には 3×4＝12、x3 には 2×4×5＝40 個の要素があるのがわかります。

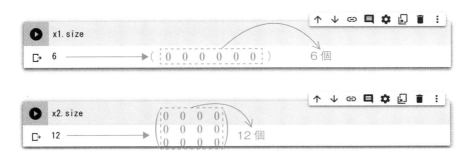

NumPy による配列の
一部抽出と連結

　ここからは、配列（行列）の中から一部の値を取り出すという処理を見ていきます。

　まずは1次元の行列を使って index を見ていきます。index は配列の番号を表すもので、index を使うとデータの中から一部の値を取り出すことができます。ここでは「np.random.randint」を用いて、ランダムな整数値で埋められた配列を準備して、配列のデータの様子を見ていきましょう。

```
x1 = np.random.randint(10, size=(5))
x1
```

```
array([5, 3, 4, 9, 1])
```

　random.randint は実行するたびに値が変わります。この例では0から9までの10の整数で5個の要素を埋めています。

　index を使うことで、5個の要素の中から一部を取り出すことができます。

　番号は0番からカウントされるので、0番目を取り出すと5が、2番目を取り出すと4が表示されます。

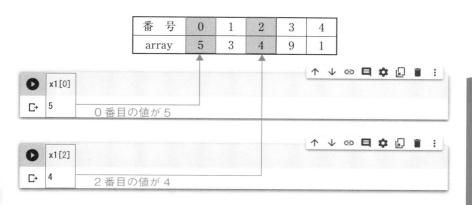

index でもマイナス（−）を使うことができます。マイナスは、後ろから取り出すことになります。−1 は後ろから数えて 1 番目なので 1 に、−4 は後ろから数えて 4 番目なので 3 になります。

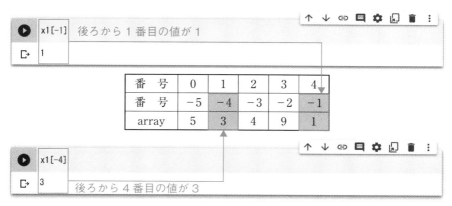

index を用いると配列（行列）の中の一部の値を書き換えることもできます。

x1 の 3 番目は 9 ですが、7 に書き換えてみましょう。変数に値を代入するように、代入記号を使って指定の場所の値を書き換えます。

3

プログラミング

実際に配列（行列）の中身を書き換えて x1 の内容を見てみると、それまでは 3 番目の要素 9 だった値が 7 に変わっていることを確認できます。

　ここまでは 1 次元の配列で中身の動きを見てきましたが、続いては 2 次元の配列（行列）です。

```
x2 = np.random.randint(10, size=(3, 4))
x2

array([[4, 9, 8, 8],
       [7, 7, 9, 5],
       [9, 6, 4, 1]])
```

　先ほどと同様に random.randint を使い、0 から 9 までの 10 の整数で 3×4 の配列（行列）を作り、x2 に代入しています。x2 を通して、index の仕組みを確認します。

$$\begin{pmatrix} 4 & 9 & 8 & 8 \\ 7 & 7 & 9 & 5 \\ 9 & 6 & 4 & 1 \end{pmatrix}$$

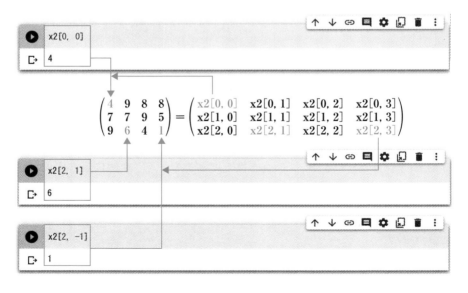

$x2[0, 0]$ は、左上端にある 4 です。$x2[2, 1]$ は、端にある 4 から下に 2 番、右に 1 番ずらした数値なので 6 です。2 次元の配列でもマイナス（−）を用いることができます。$x2[2, -1]$ は、端にある 4 から下に 2 番、−1 なので 9 6 4 1 の行を右から数えて 1 番目の 1 を取ります。

2 次元配列（行列）の場合も要素の一部を書き換えることができます。今回はこの左上端の 4 を 10 に書き換えてみます。実際に $x2[0, 0]$ に 10 を代入するプログラムを書くと、x2 の左上端が 10 に書き換わったことが確認できます。

$$\begin{pmatrix} 4 & 9 & 8 & 8 \\ 7 & 7 & 9 & 5 \\ 9 & 6 & 4 & 1 \end{pmatrix} \xrightarrow{x2[0, 0] \text{を} 10 \text{にする}} \begin{pmatrix} 10 & 9 & 8 & 8 \\ 7 & 7 & 9 & 5 \\ 9 & 6 & 4 & 1 \end{pmatrix}$$

```
x2[0, 0] = 10
x2
```
```
array([[10,  9,  8,  8],
       [ 7,  7,  9,  5],
       [ 9,  6,  4,  1]])
```

index で配列（行列）の中にある 1 つの要素を取り出し、処理する方法を見てきましたが、一部分をまとめて取り出す方法が view です。

3×4 の配列（行列）x3 を準備して view の動きを見ていきましょう。

```
x3 = np.random.randint(10, size=(3, 4))
x3
```
```
array([[1, 2, 3, 9],
       [4, 8, 3, 4],
       [5, 9, 2, 1]])
```

$$x3 = \begin{pmatrix} 1 & 2 & 3 & 9 \\ 4 & 8 & 3 & 4 \\ 5 & 9 & 2 & 1 \end{pmatrix} \xrightarrow{\text{view で取り出す}} \begin{pmatrix} 1 & 2 \\ 4 & 8 \end{pmatrix} = \text{x3\_sub}$$

```
x3_sub = x3[:2, :2]
x3_sub
```
```
array([[1, 2],
       [4, 8]])
```

　view を用いるときは：（コロン）で範囲を指定します。範囲の指定が 0 から
の場合は省略できるので、：（コロン）の左側が無いときは 0 から始まると考
えてください。［：2,：2］は［0：2,0：2］を表すので、縦方向に 0 番目から 1
番目（2 番目の手前）まで、横方向が 0 番目から 1 番目（2 番目の手前）まで
となり、$\begin{pmatrix} 1 & 2 \\ 4 & 8 \end{pmatrix}$ が取り出されます。他も見てみましょう。

$$x3 = \begin{pmatrix} 1 & 2 & 3 & 9 \\ 4 & 8 & 3 & 4 \\ 5 & 9 & 2 & 1 \end{pmatrix} \xrightarrow{\text{viewで取り出す}} \begin{pmatrix} 3 & 9 \\ 3 & 4 \\ 2 & 1 \end{pmatrix} = x3\_sub2$$

　縦方向（列方向）はすべて取り出しているので、範囲指定せず：（コロン）
だけで構いません。横方向（行方向）は 2 番目以上であればよいので「2：」
となります。範囲指定は［：,2：］となるので、入力すると次の通りです。

```
x3_sub2 = x3[:, 2:]
x3_sub2
```
```
array([[3, 9],
       [3, 4],
       [2, 1]])
```

$$x3 = \begin{pmatrix} 1 & 2 & 3 & 9 \\ 4 & 8 & 3 & 4 \\ 5 & 9 & 2 & 1 \end{pmatrix} \xrightarrow{\text{viewで取り出す}} \begin{pmatrix} 8 & 3 \\ 9 & 2 \end{pmatrix} = x3\_sub3$$

　縦方向（列方向）は 1 番目以上「1：」、横方向（行方向）は 1 番目と 3 番目
の手前（2 番目）が取り出されているので、「1：3」となります。範囲指定は
［1：,1：3］となるので、入力すると次の通りです。

```
x3_sub3 = x3[1:, 1:3]
x3_sub3
```

```
array([[8, 3],
       [9, 2]])
```

ここで view に対して、一部分を書き換える操作をしてみます。index のときと同じように、view で取り出された一部分の要素を書き換えてみます。

x3_sub3[1, 1] の右下の要素である 2 を 12 にする場合は次の通りです。

$$\text{x3\_sub3} = \begin{pmatrix} 8 & 3 \\ 9 & 2 \end{pmatrix} \xrightarrow{\text{2 を 12 にする}} \begin{pmatrix} 8 & 3 \\ 9 & 12 \end{pmatrix}$$

```
x3_sub3[1, 1] = 12
x3_sub3
```

```
array([[ 8,  3],
       [ 9, 12]])
```

実行結果ように書き換えることができました。

view は元の行列に対しても影響があります。元の行列は $\begin{pmatrix} 1 & 2 & 3 & 9 \\ 4 & 8 & 3 & 4 \\ 5 & 9 & 2 & 1 \end{pmatrix}$ で、x3_sub[1, 1] は 2 でしたが、view で 12 に書き換えた結果、元の行列も

$$\begin{pmatrix} 1 & 2 & 3 & 9 \\ 4 & 8 & 3 & 4 \\ 5 & 9 & 12 & 1 \end{pmatrix}$$

と書き換わります。実際確認してみると、次の通りです。

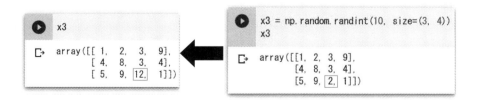

このように view は元の行列と関連付けられて操作することになるので、値

を変更する際には注意が必要です。view を操作すると元の行列も書き換わるため、プログラムを実行する上で問題になることもあります。そのため、元の行列と関連付けない方法として copy があります。

0〜9のランダムな整数値で埋めた3×5の配列（行列）を準備します。

```
x4 = np.random.randint(10, size=(3, 5))
x4

array([[7, 8, 4, 5, 5],
       [3, 8, 2, 0, 3],
       [0, 3, 7, 5, 8]])
```

［:2, :3］は view と同じように、左上端にある要素の7から縦に2つ分、横に3つ分取り出すので

$$x4 = \begin{pmatrix} 7 & 8 & 4 & 5 & 5 \\ 3 & 8 & 2 & 0 & 3 \\ 0 & 3 & 7 & 5 & 8 \end{pmatrix} \xrightarrow{\text{部分をcopyする}} \begin{pmatrix} 7 & 8 & 4 \\ 3 & 8 & 2 \end{pmatrix} = \text{x4\_sub\_copy}$$

```
x4_sub_copy = x4[:2, :3].copy()
x4_sub_copy

array([[7, 8, 4],
       [3, 8, 2]])
```

元の配列（行列）から一部分を取り出す操作は view と同じです。ここからは copy された x4_sub_copy の一部分を書き換える操作を見てみましょう。

$$\text{x4\_sub\_cop} = \begin{pmatrix} 7 & 8 & 4 \\ 3 & 8 & 2 \end{pmatrix} \xrightarrow{\text{右下の要素を2から11にする}} \begin{pmatrix} 7 & 8 & 4 \\ 3 & 8 & 11 \end{pmatrix}$$

```
x4_sub_copy[1, 2] = 11
x4_sub_copy

array([[ 7,  8,  4],
       [ 3,  8, 11]])
```

$\begin{pmatrix} 7 & 8 & 4 \\ 3 & 8 & 2 \end{pmatrix}$ が $\begin{pmatrix} 7 & 8 & 4 \\ 3 & 8 & 11 \end{pmatrix}$ に書き換わったことはわかりました。view の場合は元の配列（行列）である x2 も書き換わりましたが、copy の場合は元の配列（行列）の x4 には何の影響もなく、元の配列（行列）である $\begin{pmatrix} 7 & 8 & 4 & 5 & 5 \\ 3 & 8 & 2 & 0 & 3 \\ 0 & 3 & 7 & 5 & 8 \end{pmatrix}$ の情報が保たれます。実際に確認してみると、次の通りです。

このような特性を考慮すると、copy をメインで使いたくなりますが、コンピュータは、このように配列（行列）のデータを保存するためのメモリが必要となります。view の場合は、元の行列のデータの一部を切り出して使えるようにしているだけなので、新たな保存容量が必要ありません。

一方で copy の場合は、新たな保存容量が必要になるので注意しましょう。

続いて配列（行列）の形状変更を見ていきます。機械学習や深層学習のプログラムを書くときに、形状変更を活用します。まず1から9までの数値で構成された1×9の配列 $(1, 2, 3, 4, 5, 6, 7, 8, 9)$ を準備します。

```
grid = np.arange(1, 10)
grid
```
```
array([1, 2, 3, 4, 5, 6, 7, 8, 9])
```

この1×9の配列の形状を変更していきます。配列の形を変えるには reshape という関数を使います。今まで紹介してきた配列の形状（shape）を変えるのが reshape です。1×9の配列で要素が9個あるので、同じ要素が9個の3×3に変更してみましょう。

```
grid.reshape((3, 3))
```

```
array([[1, 2, 3],
       [4, 5, 6],
       [7, 8, 9]])
```

　配列の形状変更は、どのような場合でも変更できるわけではなく、元の配列と要素の数が合わないと変更はできません。今回の場合は $1×1=9$ の要素があるので、$3×3$ という 2 次元には変更できますが、$2×4$ や $2×5$ は、要素の数がそれぞれ 8 個と 10 個で 9 個ではないので、次の通り reshape を使えません。

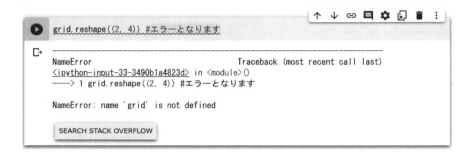

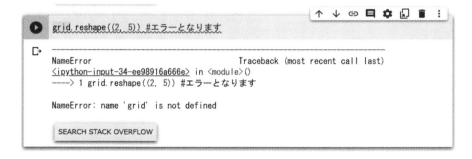

　次は 1 次元配列 [3, 4] を使って、ベクトル表現（1 次元配列）から行列表現（2 次元配列）にする方法を見ていきましょう。[3, 4] は、横方向に 2 つの要素が並び、数学ではベクトルなどに応用できる配列となっています。

```
import numpy as np

x = np.array([3,4])
x
```
```
array([3, 4])
```

reshape を使うことで［ ］の数が1つ増え、2次元配列となります。

```
x.reshape((1, 2))
```
```
array([[3, 4]])
```

数学では、行ベクトルを行列にした表現になります。

	1次元配列	reshape	2次元配列
Python	[3　4]		[[3　4]]
数学での表現	(3, 4)		(3　4)
数学での応用	行ベクトル		行列

np.newaxis を用いても reshape と同様の結果を得ることができます。
［ ］の数が1つ増えていることが確認できます。

```
x[np.newaxis]
```
```
array([[3, 4]])
```

　ここまでは1次元配列、数学では行ベクトルに関するものを扱ってきました。次は列ベクトルを具体例から見ていきましょう

```
x.reshape((2, 1))
```
```
array([[3],
       [4]])
```

この例のように、列ベクトルは1つ1つの要素3や4を［ ］で囲み、さらに全体を［ ］で囲んだ形で表されます。対応関係は次の表の通りです。

	1次元配列	reshape	2次元配列
Python	[3　4]		[[3　4]]
数学での表現	(3, 4)		$\begin{pmatrix} 3 \\ 4 \end{pmatrix}$
数学での応用	行ベクトル		行列

　行ベクトルから行列にする reshape の表現は、np.newaxis を用いても同じ結果が得られました。列ベクトルから行列にする際も同様です。

```
x[:, np.newaxis]
```
```
array([[3],
       [4]])
```

　ここまで配列の形状変更を見てきました。次に2つの配列の連結を1次元の場合と2次元の場合を分けて見ていきます。配列の連結をさせるために、2つの配列 x = [1, 2] と y = [3, 4] を準備します。配列を連結するには concatenate 関数を使います。concatenate は連結を意味する英単語です。concatenate に2つの配列［1, 2］と［3, 4］を渡すと［1, 2, 3, 4］となり、配列を横方向（列方向）に連結することができます。

```
import numpy as np

x = np.array([1, 2])
x
```
```
array([1, 2])
```

```
y = np.array([3, 4])
y
```
```
array([3, 4])
```

concatenate（変数1、変数2、変数3、…）

```
np.concatenate([x, y])
```
```
array([1, 2, 3, 4])
```

concatenate には複数の配列を連結することができます。3つ目の配列として z を準備します。そして concatenate に x、y、z の3つの配列を渡すと、3つの配列が連結されます。

```
z = [5, 6, 7]
z
```
```
[5, 6, 7]
```

```
np.concatenate([x, y, z])
```
```
array([1, 2, 3, 4, 5, 6, 7])
```

機械学習などは、特徴量を配列の形式で表現します。連結は、複数のデータから得られた特徴量を1つの配列にまとめるときなどに活用します。続いて、多次元の配列の連結を見てみましょう。

まずは2次元の配列、つまり行列の形式です。2×3 の $\begin{pmatrix} 1 & 2 & 3 \\ 4 & 5 & 6 \end{pmatrix}$ と6個の要素から構成された配列（行列）を準備します。形状は 2×3 なので、shape で確認すると $(2, 3)$ となります。

```
grid = np.array([[1, 2, 3],
                 [4, 5, 6]])
```

```
grid.shape
```
```
(2, 3)
```

1次元配列の場合と同じように2次元配列の場合もconcatenateを使うことで連結できます。

ただし2次元配列の場合、連結する方向が2つあるのでaxisで指定します。

concatenate（変数1、変数2、変数3、…、axis＝連結する方向）

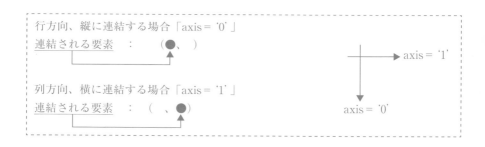

```
grid2 = np.concatenate([grid, grid], axis=0)
grid2
```
```
array([[1, 2, 3],
       [4, 5, 6],
       [1, 2, 3],
       [4, 5, 6]])
```
「axis＝'0'」で行方向、縦に連結

shapeで形状を確認すると、次の通りです。

```
grid2.shape
```
```
(4, 3)
```
「axis＝'0'」で連結された要素

2×3 の配列（行列）から 4×3 の配列（行列）に変わっていることがわかります。次に axis = '1' の場合を見ていきましょう。

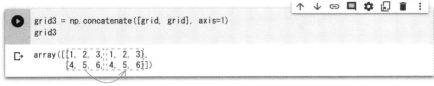

「axis = '1'」で列方向、横に連結

shape で形状を確認すると、次の通りです。

「axis = '1'」で連結された要素

axis = '1' と指定することで、2×3 の配列（行列）から 2×6 の配列（行列）に変わったことがわかります。axis = '0'、axis = '1' で連結した関係をまとめてみると、次の通りです。

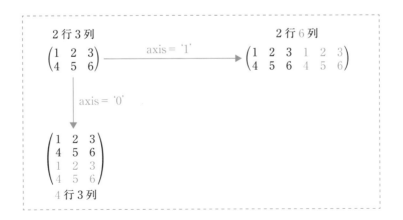

続いて、3次元の配列の連結を見ていきましょう。

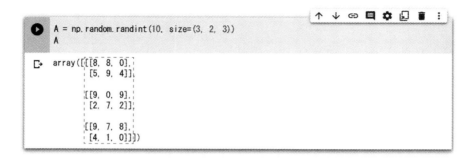

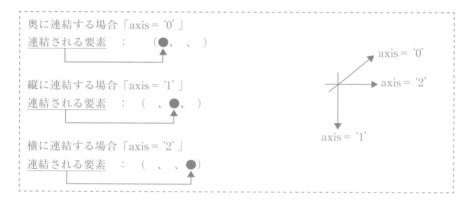

A を axis = '0' で連結してみましょう。

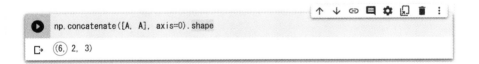

```
ggrid0 = np.concatenate([A, A], axis=0)
ggrid0
```

```
array([[[8, 8, 0],
        [5, 9, 4]],

       [[9, 0, 9],
        [2, 7, 2]],

       [[9, 7, 8],
        [4, 1, 0]],

       [[8, 8, 0],
        [5, 9, 4]],

       [[9, 0, 9],
        [2, 7, 2]],

       [[9, 7, 8],
        [4, 1, 0]]])
```

6つ｛　「axis = '0'」で（奥の方向に）連結

出力結果の通り、配列 A がまとまって連結されています。形状を shape で確認すると、次の通りです。

```
np.concatenate([A, A], axis=0).shape
```

```
(6, 2, 3)
```

$(3, 2, 3)$ から $(6, 2, 3)$ へ変わったことがわかります。

続いて axis = '1' で連結した場合は、次の通りです。

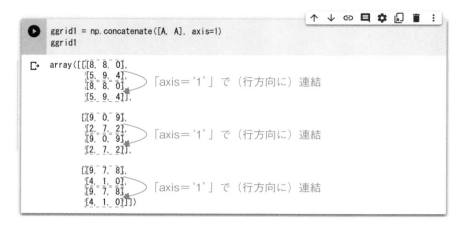

このように、配列 A の行方向の各々で連結されています。

形状を shape で確認すると

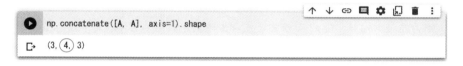

$(3, 2, 3)$ から $(3, 4, 3)$ へ変わったことがわかります。

axis = '2' で連結した場合は、次の通りです。

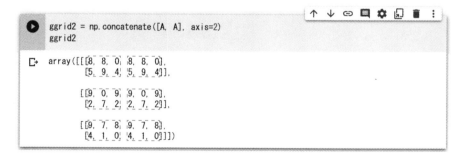

このように、配列 A の列方向の各々で連結されています。

形状を shape で確認すると

```
np.concatenate([A, A], axis=2).shape
```

```
(3, 2, 6)
```

$(3, 2, 3)$ から $(3, 2, 6)$ へ変わったことがわかります。

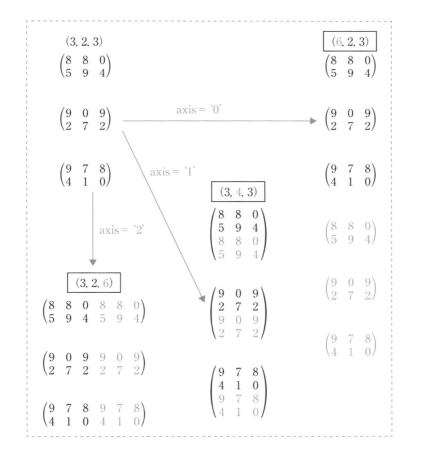

本講では配列の連結を見てきました。機械学習では、配列の特徴量をよく扱います。特徴を失わないように、どの方向で連結するのかを判断することがポイントです。

NumPy で演算

　NumPy では配列の計算（足し算、引き算、掛け算、割り算）を行うことができるので、見ていきましょう。1次元の配列 $[0, 1, 2, 3, 4]$ を準備します。

```
x = np.arange(5)
x
array([0, 1, 2, 3, 4])
```

　まず足し算、引き算、掛け算です。+3とすると全ての要素に3が足され、−3とすると、全ての要素から3を引き、アスタリスクを用いて*2とすると全ての要素が2倍されます。

$$x + 3 = [0+3, 1+3, 2+3, 3+3, 4+3] = [3, 4, 5, 6, 7]$$

```
x + 3
array([3, 4, 5, 6, 7])
```

$$x - 3 = [0-3, 1-3, 2-3, 3-3, 4-3] = [-3, -2, -1, 0, 1]$$

```
x - 3
array([-3, -2, -1,  0,  1])
```

$$x \times 2 = [0 \times 2, 1 \times 2, 2 \times 2, 3 \times 2, 4 \times 2] = [0, 2, 4, 6, 8]$$

```
x * 2
```
```
array([0, 2, 4, 6, 8])
```

　　割り算は答え方が 2 つあるので、それぞれに記号があります。

　例えば $7 \div 2$ を計算する際、答え方は「3.5」と「3 余り 1」があります。

「3.5」のように直接答えを求める場合は、/（スラッシュ）を利用し、

「3 余り 1」のように商と余りを使って表す場合、商は、//（ダブルスラッシュ）を利用し、余りは、%（パーセント）を利用します。

$$x \div 2 = [0 \div 2, 1 \div 2, 2 \div 2, 3 \div 2, 4 \div 2] = [0, 0.5, 1, 1.5, 2]$$

```
x / 2
```
```
array([0. , 0.5, 1. , 1.5, 2. ])
```

```
x // 2
```
```
array([0, 0, 1, 1, 2])
```

```
x % 2
```
```
array([0, 1, 0, 1, 0])
```

アスタリスクを 2 つ（**）付けると、累乗となります。

x の各要素を 3 乗 = $[0^3, 1^3, 2^3, 3^3, 4^3] = [0, 1, 8, 27, 64]$

```
x ** 3
```
```
array([ 0,  1,  8, 27, 64])
```

　集約は、配列の中の各要素を組み合わせて計算を行う処理のことです。具体

例を通して理解しましょう。10 個の要素を持つ配列を準備します。

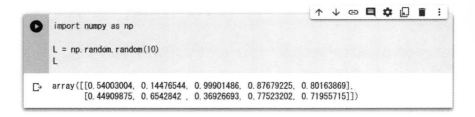

```
import numpy as np

L = np.random.random(10)
L
```
```
array([[0.54003004, 0.14476544, 0.99901486, 0.87679225, 0.80163869],
       [0.44909875, 0.6542842 , 0.36926693, 0.77523202, 0.71955715]])
```

　この 10 個の小数の集まりを合計したい場合、NumPy では sum を用います。
実行すると、6.32968030761033 となります。

```
np.sum(L)
```
```
6.329608030761033
```

　配列から sum を直接呼び出すこともでき、結果としては同様です。

```
L.sum()
```
```
6.329608030761033
```

　最大値や最小値も、NumPy の中にある max や min を用いても、配列から
直接呼び出すこともできます。

　NumPy の中にある max や min を用いる場合は次の通りです。

```
np.max(L)
```
```
0.9990148624021635
```

配列から直接、最小値や最大値を求める場合は次の通りです。

ここまで1次元における集約の処理を確認しましたが、多次元でも同様です。3×4 の配列（行列）を準備して、合計、最大値、最小値を求めます。

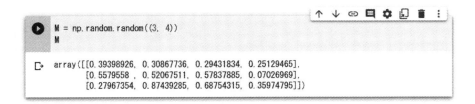

合計の sum は、次の通りです。

今回は2次元配列なので、全要素の合計のみならず、行の合計や列の合計を求めることもできます。行や列の指定には、axis を用います。

列（縦方向）の合計は、「axis＝0」として

行（横方向）の合計は、「axis＝1」として

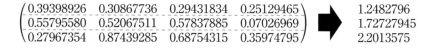

　2次元の配列の最大値、最小値もこれまでと同様ですが、axisを用いると、行（横方向、axis＝1）ごとの最大値と最小値、列（縦方向、axis＝0）ごとの最大値と最小値を求めることができます。実行してみましょう。

行（横方向、axis＝1）ごとの最大値は

```
M.max(axis=1)
```

```
array([0.39398926, 0.57837885, 0.87439285])
```

行（横方向、axis＝1）ごとの最小値

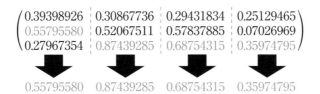

$$\begin{pmatrix} 0.39398926 & 0.30867736 & 0.29431834 & 0.25129465 \\ 0.55795580 & 0.52067511 & 0.57837885 & 0.07026969 \\ 0.27967354 & 0.87439285 & 0.68754315 & 0.35974795 \end{pmatrix} \Rightarrow \begin{matrix} 0.25129465 \\ 0.07026969 \\ 0.27967354 \end{matrix}$$

```
M.min(axis=1)
```

```
array([0.25129465, 0.07026969, 0.27967354])
```

列（縦方向、axis＝0）ごとの最大値

$$\begin{pmatrix} 0.39398926 & 0.30867736 & 0.29431834 & 0.25129465 \\ 0.55795580 & 0.52067511 & 0.57837885 & 0.07026969 \\ 0.27967354 & 0.87439285 & 0.68754315 & 0.35974795 \end{pmatrix}$$

$$0.55795580 \quad 0.87439285 \quad 0.68754315 \quad 0.35974795$$

```
M.max(axis=0)
```

```
array([0.5579558 , 0.87439285, 0.68754315, 0.35974795])
```

列（縦方向、axis＝0）ごとの最小値

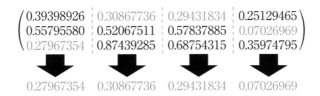

$$\begin{pmatrix} 0.39398926 & 0.30867736 & 0.29431834 & 0.25129465 \\ 0.55795580 & 0.52067511 & 0.57837885 & 0.07026969 \\ 0.27967354 & 0.87439285 & 0.68754315 & 0.35974795 \end{pmatrix}$$

$$0.27967354 \quad 0.30867736 \quad 0.29431834 \quad 0.07026969$$

```
M.min(axis=0)
array([0.27967354, 0.30867736, 0.29431834, 0.07026969])
```

合計、最大、最小の他にも統計等で使う平均値、中央値、最頻値の集約関数が用意されています。よく用いる平均を確認します。

平均は、要素全部を加えてデータ数の 12 で割ります。

$$\begin{pmatrix} 0.39398926 & 0.30867736 & 0.29431834 & 0.25129465 \\ 0.55795580 & 0.52067511 & 0.57837885 & 0.07026969 \\ 0.27967354 & 0.87439285 & 0.68754315 & 0.35974795 \end{pmatrix}$$

$$\frac{0.39398926 + 0.30867736 + 0.29431834 + \cdots + 0.68754315 + 0.35974795}{12}$$

```
np.mean(L)
0.6329680307610336
```

NumPy には mask という機能があります。mask も配列の要素の一部を取り出す機能です。mask の機能を具体的に見るために、0 から 5 までの間で 15 個の数字値を含む配列を準備します。

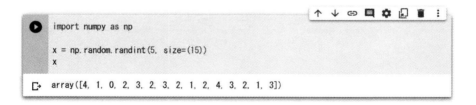

```
import numpy as np
x = np.random.randint(5, size=(15))
x
array([4, 1, 0, 2, 3, 2, 3, 2, 1, 2, 4, 3, 2, 1, 3])
```

x は 15 個の 0 から 4 の数字が入った配列となっていますが、この中で 0 より大きいもの（x>0）と記述すると、True もしくは False で結果を返します。

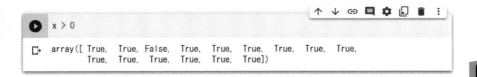

このように、配列の中で条件に該当する部分を True や False で返す機能が mask です。True や False の判断だけではなく、配列の中から条件に該当する部分を取り出すこともできます。2よりも大きい数値を取り出す場合は、次のように x[x>2] とします。

この機能を使う例としては、雨が降った日の平均降水量を求める際に、雨が降らなかった日を除外する必要があるので、x が0より大きい場合だけにするなどが考えられます。平均を求める場合は、先ほど集約関数で見てきた np.mean 関数を用いて求めることができます。mask と組み合わせることで、0より大きいなどの条件が付いた平均の計算も容易にできます。

配列を取り扱うライブラリの NumPy は非常に機能が多いため、最初から全てを覚えるのは困難です。そのため、1つずつ調べながら身につけていきましょう。

pandas でデータの作成

　データの集計や分析をする際、表を活用することが多いです。表形式のデータを扱えるように拡張したライブラリが pandas（パンダス）です。

　実際にライブラリを使いながら見ていきましょう。pandas と合わせて NumPy も import します。NumPy の import は今まで通り「import numpy as np」で、pandas の import は「import pandas as pd」とします。pandas は pd で略記することが慣例です。

```
import numpy as np
import pandas as pd
```

　それでは、実際に pandas を使ってデータを作成していきます。pandas には、Series と DataFrame という 2 つの型があります。Series と DataFrame のそれぞれの型は、お互いにない機能を補う関係があります。

	A（列0）	B（列1）	C（列2）
行0			
行1			
行2			
行3			

DataFrame

Series

　pandas は主に表形式でデータを扱うことを目標にしたライブラリですが、表全体を表現するのが DataFrame で、表の 1 列 1 列を表すのが Series です。列は表で縦方向のもので、エクセルの場合は A、B、C、…とアルファベットで記されている部分です。DataFrame は複数の Series から構成されているので、まずは Series から見ていきましょう。

```
d = pd.Series([3, 1, 4, 1 ,5])
d
```

```
0    3
1    1
2    4
3    1
4    5
dtype: int64
```

Series は 1 列のことなので、1 次元のデータとなります。実際に NumPy の配列を作るような形で Series を作ることができます。このように Series にデータを渡すと 1 列、つまり縦方向のデータを生成します。NumPy と DataFrame は関係があるので、生成した Series を values のプロパティで呼び出すと、次の通り NumPy の配列を取り出すことができます。

```
d.values
```

```
array([3, 1, 4, 1, 5])
```

次に要素を取り出す方法を見ていきましょう。［3, 1, 4, 1, 5］ の 0 番目の 3 は d［0］、1 番目の 1 は d［1］で取り出せます。

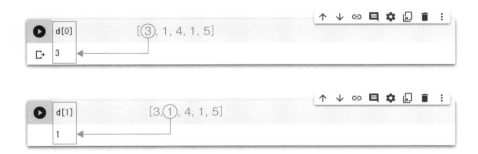

範囲を指定してデータを取り出すこともできます。0 番目から 1 番目までのデータを取り出す場合は d［0：2］とします。

Series にも Index が準備されています。何も指定せず index を記述すると、最初と最後の手前までの数字の範囲（RangeIndex）が表示されます。

pandas でデータの選択

　ここまでの Index では d[0]＝3、d[1]＝1 のように数値を使って中身を取り出してきましたが、0 番目はa を、1 番目には b を、2 番目にはc のように、数値以外の Index を準備することもできます。

```
d = pd.Series([2, 7, 1, 8],
              index=['a','b','c','d'])
d
```
```
a    2
b    7
c    1
d    8
dtype: int64
```

　b 番目の数値7 を d['b'] で取り出してみましょう。

　b は文字列なので、シングルコーテーションまたはダブルコーテーションを忘れないようにしましょう。

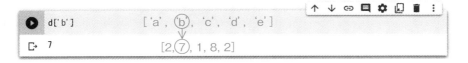

```
d['b']
7
```

　今までは数値の順番で中身の要素を取り出していましたが、上記の b 番目のように数値以外を用いて要素を取り出すこともできます。

　Index には、次のようにランダムな番号を付けることもできます。

```
d=pd.Series([2, 7, 1, 8, 2],
            index=[1, 7, 3, 2, 0])
d
```

```
1    2
7    7
3    1
2    8
0    2
dtype: int64
```

先頭の1を指定すると、2を取り出すことができます。

```
d[1]          [①, 7, 3, 2, 0]
2             [②, 7, 1, 8, 2]
```

このようにindexに対応した値を取り出すこともできます。Seriesでは、indexの番号も自分が好きなものに割り当てることができます。

この例のように自分が付けた名前（key）に対応した値（value）がある関係を辞書（dictionary）といいます。Seriesは辞書形式（keyとvalueのペアで）でデータを保存できます。

次の定期考査の結果のプログラムを見てください。

英　語	90
数　学	50
国　語	70
社　会	80
理　科	60

```
score = pd.Series([
    '英語': 90,
    '数学': 50,
    '国語': 70,
    '社会': 80,
    '理科': 60
])
score
```

```
英語    90
数学    50
国語    70
社会    80
理科    60
dtype: int64
```

英語の点数が90点、数学の点数が50点のようにデータを保持してSeriesを作成すると、Seriesから各科目の点数のデータを容易に取り出せます。

英語の値（点数）を取り出す場合は score［'英語'］ とします。

このように 0 番目、1 番目、2 番目のような番号で値（点数）を取り出すのではなく、名前を指定して値を取り出すことができます。英語の点数を取り出す際「0」番と記入するより「英語」と記入するほうがわかりやすいので、使いやすいデータの保持となります。

Series では、次の例のように自分が付けた名前を取り出す際、「国語から理科の点数」のように範囲指定をすることもできます。

このような Series の作成の方法は他にもあります。最初に見てきた Series を配列から作る方法です。［1, 7, 3, 2, 0, 5］のように要素を持つ配列を pandas の Series に渡すと、番号が付いた Index とペアで値を出力します。

```
pd.Series([1, 7, 3, 2, 0, 5])
```
```
0    1
1    7
2    3
3    2
4    0
5    5
dtype: int64
```

次の例は Index をいくつか準備して、Index の値に対して 1 つの値だけ準備した場合です。全部の Index に対して、同じ値「5」が割り当てられた状態で Series が作られます。

```
pd.Series(5, index=[141, 173, 314])
```

```
141    5
173    5
314    5
dtype: int64
```

　番号の 141、173、314 は、私たちがデータにアクセスするときに使う名前です。右側にある 5 が求めたい値です。このように指定することで Series の 141 に 5、173 に 5、314 に 5 がアクセスできるようになります。

　このように名前（key）と値（value）をペアにしてデータを格納する方法が、辞書（dictionary）機能なので、辞書について詳しく見ていきましょう。次の例を見てください。

```
pd.Series({3:'a', 1:'b', 4:'c'})
```

```
3    a
1    b
4    c
dtype: object
```

　ここでは 3、1、4 という 3 つの名前について a、b、c の値（value）が対応しています。a という値（value）に対して 3 という名前（key）、 b という値（value）に対して 1 という名前（key）、c という値（value）に対して 4 という名前（key）のように名前（key）と値（value）のペアにしてデータを準備することができます。Python の辞書形式を pandas の Series に渡すと Index 付きでデータを格納する Series の機能を利用することができます。

　先ほど見てきたように、名前と値のデータを準備して、合わせて Index を準備する場合は Index が優先されます。

```
pd.Series({3:'a', 1:'b', 4:'c'}, index=[3,4,5])
```

```
3     a
4     c
5    NaN
dtype: object
```

　Index にある［3, 4, 5］だけが使われます。辞書（dictionary）として 3、1、4 の 3 つの名前と値を準備していますが、Index で 3、4、5 の 3 つを使うと指定しています。そのため、最後の 5 は辞書にないので、NaN と表示されます。pandas では「ない」部分を NaN（Not a Number：非数）と表示します。NaN（Not a Number：非数）も含めて、データがない部分のことを欠損値といいます。

　ここまでが pandas の機能のうちで 1 次元のデータで 1 列を示す Series ですが、続いて表全体を示す DataFrame について見ていきます。DataFrame は 2 次元のデータです。

　DataFrame はいくつかの Series が集まって構成されています。そのため、Series のデータとして中間考査（midscore）、期末考査（endscore）を準備し、この 2 つを 1 つの DataFrame にまとめてみましょう。

```
midscore = pd.Series({
    '英語': 90,
    '数学': 50,
    '国語': 70,
    '社会': 80,
    '理科': 60
})
midscore
```

```
英語    90
数学    50
国語    70
社会    80
理科    60
dtype: int64
```

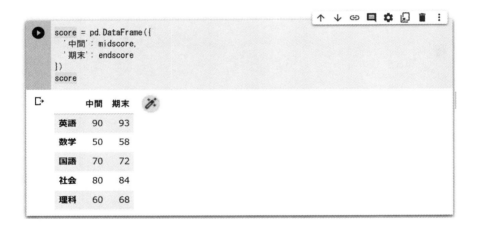

```
endscore = pd.Series({
    '英語': 93,
    '数学': 58,
    '国語': 72,
    '社会': 84,
    '理科': 68
})
endscore
```

```
英語     93
数学     58
国語     72
社会     84
理科     68
dtype: int64
```

2つ Series が準備できたので、1つの DataFrame にまとめます。

```
score = pd.DataFrame({
    '中間': midscore,
    '期末': endscore
})
score
```

	中間	期末
英語	90	93
数学	50	58
国語	70	72
社会	80	84
理科	60	68

DataFrame については、Google Colaboratory の機能でまとめて見やすい表形式にする機能があります。

そのため中間考査（midscore）と期末考査（endscore）の2つの Series からなる DataFrame を構築しましたが、2つの Series でそれぞれ Index が同じものに対応して表示しています。表の右上に のマークがあるのでクリックすると、次の通りです。

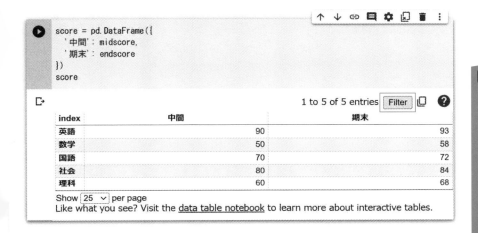

　ここで Filter をクリックすることで、詳細な条件を付けて抽出できます。中間（考査）の点数で 70 点以上 80 点以下となるものを抽出すると、次の通りです。

　なおこの例は、中間考査（midscore）と期末考査（endscore）のデータの並びが「英語、数学、国語、社会、理科」と同じでしたが、同じ並びでなくても構いません。期末考査 2 として、期末考査の並びだけを変えた「endscore2」を準備して、DataFrame にまとめると自動的に順番が調整されます。

```
endscore2 = pd.Series({
    '数学': 58,
    '英語': 93,
    '理科': 68,
    '国語': 72,
    '社会': 84
})
endscore2
```

```
数学      58
英語      93
理科      68
国語      72
社会      84
dtype: int64
```

期末考査2も含めた表を作成すると、次の通りです。

```
score2 = pd.DataFrame({
    '中間': midscore,
    '期末': endscore,
    '期末2': endscore2
})
score2
```

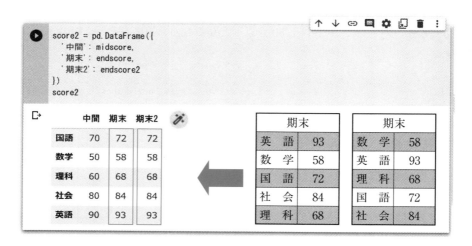

以上から pandas の DataFrame は、Excel の表形式のデータと同じように扱えることがわかります。

pandas では Series の Index が各データの値（value）にアクセスするための手段として用意されていました。DataFrame にも Index が準備されているので見ていきましょう。

```
score2.index
```

```
Index(['国語', '数学', '理科', '社会', '英語'], dtype='object')
```

```
score2.columns
```

```
Index(['中間', '期末', '期末2'], dtype='object')
```

	中間	期末	期末2
国語	70	72	72
数学	50	58	58
理科	60	68	68
社会	80	84	84
英語	90	93	93

列：colums

index

　この DataFrame には、中間考査、期末考査、期末考査2の3つの情報がまとめて保持されています。DataFrame は2次元のデータです。考査（中間、期末、期末2）と教科（国語、数学、理科、社会、英語）の2つの index があると考えると理解しやすいです。

　上記の DataFrame は3つの Series からなります。この3つの Series が中間（考査）、期末（考査）、期末2（考査）で構成されているので、1つの Series だけを取り出すこともできます。その場合は取り出したい Series 名で指定します。中間（考査）を取り出す場合は score2 ['中間'] とします。

```
score2['中間']
```

```
国語     70
数学     50
理科     60
社会     80
英語     90
Name: 中間, dtype: int64
```

ここまで Series を 2 つもしくは 3 つ準備して 1 つにまとめることで DataFrame を作成しました。ここからは、直接 DataFrame を作成する方法を見ていきます。

　DataFrame は 2 次元の表形式のデータなので、2 次元配列 [[ ]] を用いることで、DataFrame を作成します。次の例を見てください。

　ここで、pandas の DataFrame と NumPy の配列は Index でデータを取得する際に違いがあるので、比較して見てみましょう。

　NumPy の配列で 0 を入力すると、左下表のように 1 行が取り出されます。

	0	1	2	3	4
0	1.3	1.2	2.1	2.6	2.2
1	2.0	1.9	2.4	2.7	2.8

	0	1	2	3	4
0	1.3	1.2	2.1	2.6	2.2
1	2.0	1.9	2.4	2.7	2.8

しかしながら Pandas では 0 を入力すると

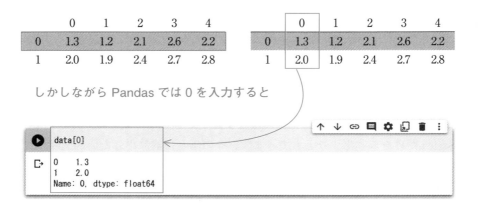

右上表のように 1 列目が取得されます。つまり pandas と NumPy は行と列が逆となります。0 を入力して横 1 列を取り出す NumPy と縦 1 列を取り出す pandas で違いがあるので注意しましょう。pandas で data [3] [1] とすると、まず縦方向の 3 番目が選択され、その次に、横方向の 1 が選択されます。

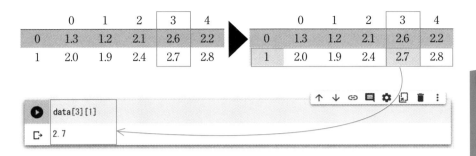

data［1］［3］と入力すると値が無いのでエラーとなりますが、NumPy と同じ感覚だとこのような間違いをします。NumPy と pandas の違いを知っておくと修正する際にスムーズです。

この他にも DataFrame を作成する方法がいくつかあります。最もよく使うのが csv 形式のファイルを読み込む方法です。csv は、Comma-Separated Values の頭文字で、テキストデータの項目を Comma（,）で区切って列挙したものです。エクセルなどでも csv 形式のファイルを作成できます。行や列が多いデータを csv 形式で保存していれば、1 行で読み込むことができます。Google Colaboratory のファイルの中に「sample_data」というフォルダがあり、csv ファイルがあります。この中から「mnist_test.csv」を読み込んでみます。9999 行あるので .head（）で先頭 5 行を抽出すると次の通りです。

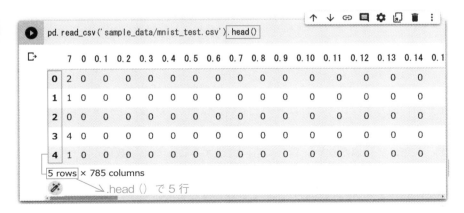

実際のデータ処理ではこの csv 形式のデータを準備して、pandas に読み込み分析することがよくあります。この他にも Series のデータを作成した後、DataFrame に変換し、辞書の配列で渡すことで DataFrame を作成できます。

```
pd.DataFrame([
    {'a': 1, 'b': 2},
    {'a': 3, 'b': 4},
    {'a': 5, 'b': 6},
])
```

```
     a  b
  0  1  2
  1  3  4
  2  5  6
```

　辞書を配列の中に渡す方法では 1 行ごとに列の値を指定します。上記の場合は、1 行ごとに a 列の値、b 列の値を指定して DataFrame を作成しています。

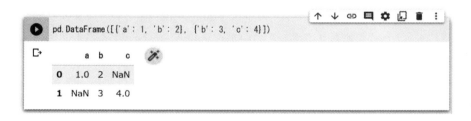

```
pd.DataFrame([{'a': 1, 'b': 2}, {'b': 3, 'c': 4}])
```

```
       a  b   c
  0  1.0  2  NaN
  1  NaN  3  4.0
```

　上記の例のようにデータの指定をする場合があります。列に着目すると、a、b、c の 3 つあり、0 行目は a 列と b 列には値がありますが、c 列には値がありません。同じように 1 行目は b 列と c 列には値がありますが、a 列には値がありません。Pandas では値が数値ではないとき、NaN（非数）として表現します。人間は「数値がない」場合でも、意識することなく「数値がない」ことはわかりますが、コンピュータにはわかりません。「数値がない」ものは「数値がない」つまり NaN（非数）として処理させないと、永遠に探索や計算をし続ける可能性があります。そうならないために、NaN（非数）が必要となります。

NaN（非数）を含めて、データがない部分のこと欠損値といいます。

次講で欠損値の取扱いについて見ていきますが、欠損値があると平均値にズレが生じるなど問題があるため、いろいろな統計的な処理を事前に行う必要があります。

ここまで、Series をまとめて DataFrame を作成する方法と、DataFrame を直接作成する方法を見てきました。

続いては、NumPy の配列から DataFrame を作成する方法を見ていきましょう。

まず np.random.rand 関数を使って、2 次元の配列（行列）を準備します。形状は 4×3 つまり 4 行 3 列ですが、こちらに対して DataFrame にこのデータを渡しています。

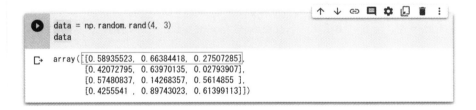

この例で、最後に NumPy と pandas の 0 番目をデータをみると

　dataのNumpyでは行、data2のpandasでは列が取り出されていることが確認できます。

　Numpyの配列からDataFrameを作成する例を見てきました。

　続いてNumpyからDataFrameを作成する際、行（index）と列（columns）に名前を付ける方法を見ていきましょう。

　Indexを、a, b, c, dとし、columnsをfoo, bar, bazとした例は、次の通りです。

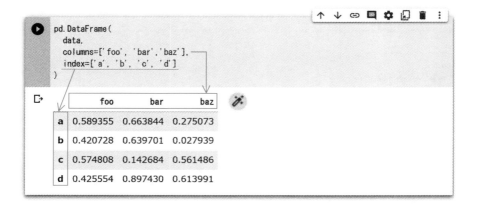

pandas で欠損値の処理

pandas でデータを扱う際、データが存在しないことやデータが間違えていることがあります。データがない部分のことを欠損値といいました。本講では、欠損値の処理について見ていきましょう。そのために、まず欠損値のあるDataFrame を準備します。

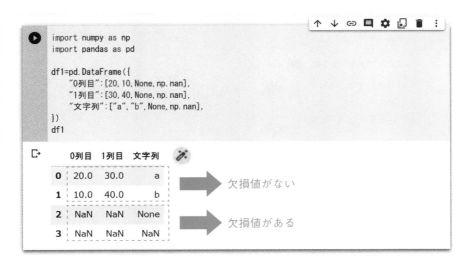

ここでは0列目、1列目、文字列の計3列あります。

プログラムを見てください。0列目では、0行目20、1行目10とデータが入っていますが、2行目は None、3行目は NaN（非数）で両方とも欠損値を意味しています。

1列目は、0、1行目が30、40と値が格納されています。2、3行目は Noneと np.nan なので両方とも欠損値となっています。

文字列と表示されている列は、文字通り文字列が入っています。ここで注

意したいのが、pandas の DataFrame では列ごとにデータの型が決まること
です。文字列の 0 行目、1 行目には、a、b と文字列が入っているので、0、1
列目と違い、文字列として扱う列となっています。この場合は欠損値として
None を入れると、0、1 列目とは違い None がそのまま使われます。NaN（非
数）については、そのままです。列ごとにデータの型が決まっていて、その列
ごとに欠損値の表現の仕方が変わることを確認できれば十分です。

それでは pandas で欠損値を探す方法を見ていきましょう。欠損値に該当す
る部分を True、データがある部分（欠損値ではない部分）を False にする関数
が isna（）です。前頁の df1 に isna（）を実行すると、次の通りです。

DataFrame にある isna（）を呼び出すと、欠損値がある部分に True が、
欠損値がなくデータに問題がない部分には False が返されます。pandas にあ
る isna（）を呼び出すことでも、同様に処理ができます。

notna（　）は、isna（　）の逆です。データがある部分を True に、欠損値の部分を False にします。

isna（　）の場合と同様に Pandas にある notna（　）を呼び出すことでも同じ結果が得られます。

ここからは欠損値の取扱い方法をいくつか見ていきます。

欠損値の取扱いは大きく 2 つあり、欠損値がある部分を削除する方法と欠損値の部分に値を入れる方法です。まずは欠損値の部分を削除する方法から見ていきましょう。

冒頭で準備した DataFrame は次の通りでした。

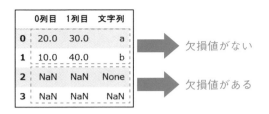

	0列目	1列目	文字列
0	20.0	30.0	a
1	10.0	40.0	b
2	NaN	NaN	None
3	NaN	NaN	NaN

欠損値がない

欠損値がある

　DataFrame には dropna（ ）という関数があり、欠損値がある行を削除した DataFrame を準備します。

```
df1.dropna()
```

	0列目	1列目	文字列
0	20.0	30.0	a
1	10.0	40.0	b

欠損値がない行は残る

欠損値があれば削除 ←

	0列目	1列目	文字列
0	20.0	30.0	a
1	10.0	40.0	b
2	NaN	NaN	None
3	NaN	NaN	NaN

　この場合は0行目、1行目には欠損値がないのでそのままで、2行目と3行目は欠損値 NaN や None があるので、削除されます。

　なお dropna（ ）は、元の DataFrame に影響しません。df1.dropna（ ）で DataFrame を生成しましたが、この DataFrame は元の DataFrame を上書きしたのではなく、別の DataFrame が新しく生成されたことになります。NumPy の配列の copy と同じような操作となります。そのため実際に元の DataFrame である df1 を確認すると、上書きされていないことが確認できます。

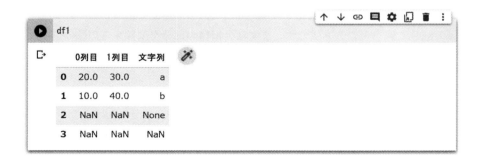

```
df1
```

	0列目	1列目	文字列
0	20.0	30.0	a
1	10.0	40.0	b
2	NaN	NaN	None
3	NaN	NaN	NaN

他の例も見てみましょう。df1 と同じように欠損値がある DataFrame の df2 を準備します。

df2 に対して、NaN（非数）のある 1 行目と 3 行目を削除するために dropna 関数を適用すると、次の通りです。

今までは欠損値がある行を削除しましたが、「axis = 'columns'」を加えると、欠損値がある列（columns）の軸（axis）方向、つまり縦方向を削除します。

df2.dropna（axis = 'columns'）と入力し、欠損値がある列を削除すると、次頁の通りです。

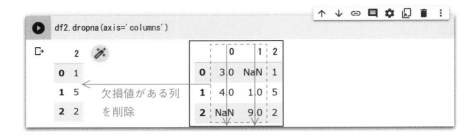

「axis = 'columns'」は「axis = '1'」とすることもできます。

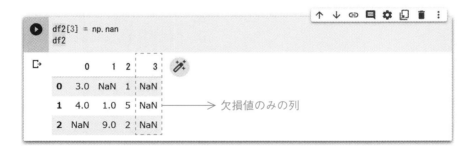

　ここまで列の削除を見てきましたが、列を追加することもできます。欠損値のみの列を追加してみると

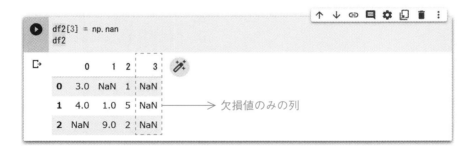

　欠損値のみの列を追加しましたが、DataFrame では 1 列全体に欠損値がある場合は how を使って、1 列ごと削除することができます。

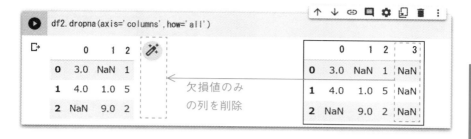

　先ほどの df2 は 3 列目が全て NaN なので、df2.dropna とすると表全体が削除されます。表全体が削除されると困る場合もあるため、行方向、列方向に対して閾値（threshold）を決めることもできます。

　thresh = 3 とすれば、欠損値ではない要素の数が 3 個以上含まれている行が残り、それ以外の行は削除されます。

　df2 の場合、1 列目の要素は 3 つあるので残りますが、0 列目と 2 列目は要素が 2 つなので削除されます。

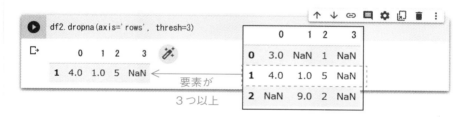

　今までは行や列に 1 つでも欠損値があれば削除となっていましたが、thresh を利用することで 3 つ以上要素があれば消さないという処理もできます。

　ここまで欠損値がある行や列を削除する方法でしたが、次に欠損値を数値で補う方法を見ていきます。

　まず欠損値が含まれる Series を 1 つ準備します。

```
import numpy as np
data1 = pd.Series([3, np.nan, 1, None, 4], index=list('abcde'))
data1
```

```
a    3.0
b    NaN
c    1.0
d    NaN
e    4.0
dtype: float64
```

　この例では、b 列と d 列に欠損値があります。欠損値の部分を指定した数値
で補うのが fillna（　）です。欠損値を 9.9 で補う場合は fillna（9.9）とします。

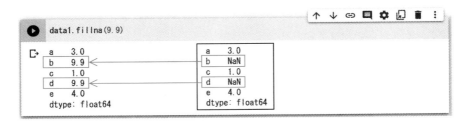

　fillna（　）には前後の数値で補う method という引数が準備されています。
欠損値の部分の 1 つ前の値で補う method が ffill、欠損値の部分の 1 つ後の値
で補う method が bfill です。ffill と bfill それぞれ見ていきましょう。

　data1 を、前の値で補う場合は data1. fillna（method = 'ffill'）とします。

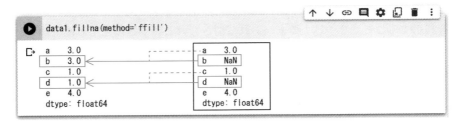

　data1 を、後の値で補う場合は、data1. fillna（method = 'bfill'）とします。

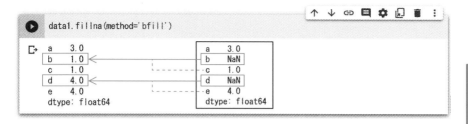

ffill、bfill を用いることで、欠損値を0で補うよりも、より自然な補い方ができます。2つ以上欠損値が続く場合でも、問題ありません。

具体的な例として data2 を準備して見てみましょう。

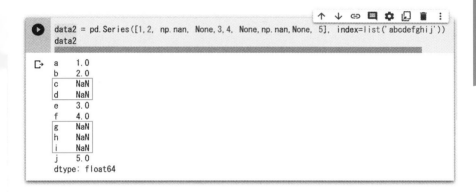

data2 を、前の値で補う場合は、data2.fillna(method = 'ffill') とします。

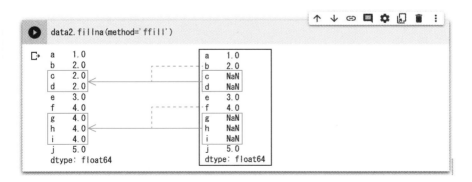

data2 を、後の値で補う場合は、data2.fillna(method = 'bfill') とします。

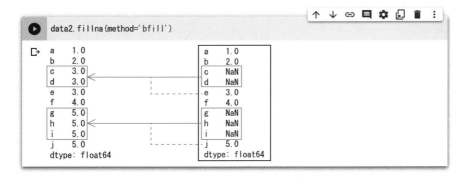

```
data2.fillna(method='bfill')
```

```
a    1.0          a    1.0
b    2.0          b    2.0
c    3.0  ←       c    NaN
d    3.0          d    NaN
e    3.0  ←-----  e    3.0
f    4.0          f    4.0
g    5.0  ←       g    NaN
h    5.0          h    NaN
i    5.0          i    NaN
j    5.0  ←-----  j    5.0
dtype: float64    dtype: float64
```

　ここまで Series でデータの欠損値の補足を見てきました。次は DataFrame の欠損値の補足を見ていきます。まず、欠損値を含む DataFrame を準備します。

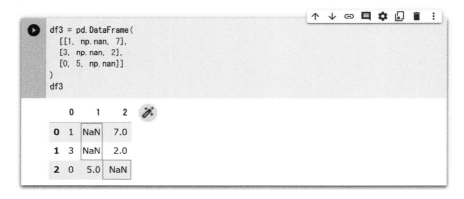

```
df3 = pd.DataFrame(
    [[1, np.nan, 7],
     [3, np.nan, 2],
     [0, 5, np.nan]]
)
df3
```

	0	1	2
0	1	NaN	7.0
1	3	NaN	2.0
2	0	5.0	NaN

　DataFrame は 2 次元のデータです。よって、1 つ前のデータ・1 つ後のデータは横方向（行方向）と縦方向（列方向）の 2 つあるので、axis で指定します。まず、axis = 1 の横方向（行方向）で指定すると、次の通りです。

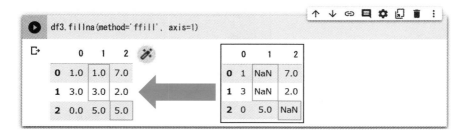

```
df3.fillna(method='ffill', axis=1)
```

	0	1	2
0	1.0	1.0	7.0
1	3.0	3.0	2.0
2	0.0	5.0	5.0

	0	1	2
0	1	NaN	7.0
1	3	NaN	2.0
2	0	5.0	NaN

　axis＝1 より横方向の 1 つ前、つまり左隣（←）の値を使って欠損値を補足します。同じように axis＝0 の横方向（縦方向）で指定すると、次の通りです。

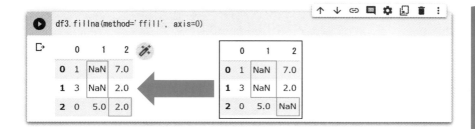

　今回は axis＝0 より縦方向の 1 つ前、つまり上（↑）の値を使って欠損値を補足します。1 列目の 0 行、と 1 列目の 1 行が欠損値で、それより上の値はないので、この場合は NaN が補正されずそのまま残った状態になります。

pandasでデータセットの連結と計算

　ここまでは欠損値の取扱いについて紹介してきました。次にデータセットの連結（concatenation）を見ていきます。データセットの連結にはconcat（）関数を使います。まず2つのSeries（sとs2）を準備します。

→ sの表示

→ s2の表示

　2つのSeries（sとs2）をconcat（）で連結し、dfとします。

　df＝pd.concat（[s, s2]）とすると縦方向に連結されるので横方向で連結するために「axis＝1」を指定してdf＝pd.concat（[s, s2], axis＝1）とします。

sとs2のSeries同士が縦1列のデータが連結されて縦2列となります。あらためてsの型を調べると

上記の通りsの型はSeriesです。sとs2をconcat（）で連結したdfの型は、次の通りDataFrameとなります。

　他の例も見ていきましょう。2つのSeriesを準備します。Indexが1、2、3でA、B、Cという値が格納されたSeriesであるs3と、Indexが4、5、6でD、E、Fという値が格納されたSeriesであるs4の2つです。
　この2つのSeriesを準備して、concat（）で連結します。「sとs2」の例ではaxis＝1を指定しましたが、次の「s3とs4」ではaxisを指定していないので縦1列にIndexが1、2、3、4、5、6で、値がA、B、C、D、E、Fとなります。

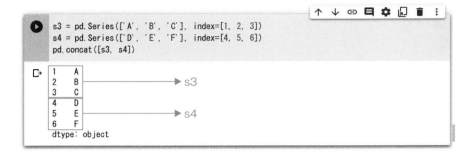

Series の連結を見てきたので、DataFrame の連結を見ていきましょう。

A 列、B 列の 2 つ列があって、Index が 1、2 の DataFrame を df1, df2 の 2 つ準備します。

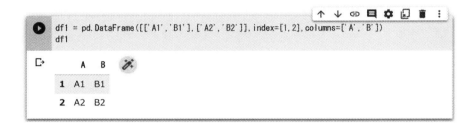

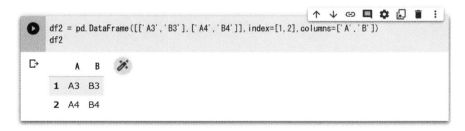

この 2 つを concat（）で連結します。axis を指定しない場合は、縦方向に連結されます。

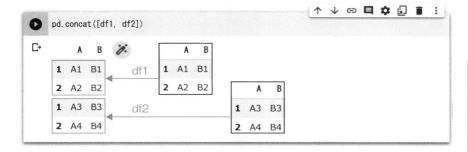

この連結は append 関数を使っても同じ結果が出力されます。

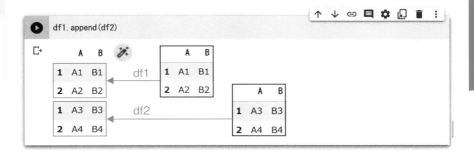

append はまず DataFrame を準備した後に DataFrame を追加しているイメージで、concat（）と少し異なりますが、用途に合わせて使い分けるとよいでしょう。

ここまで DataFrame で縦方向に連結してきました。次からは DataFrame で横方向の連結を見ていきましょう。df3, df4 の DataFrame を準備します。

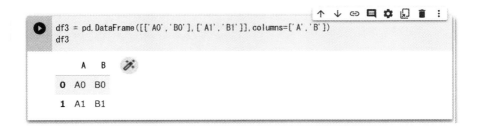

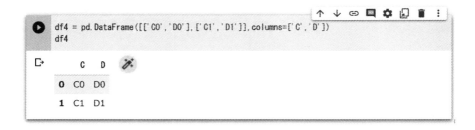

df3 と df4 を横方向に連結するので axis＝1 を加えて pd.concat（[df3, df4],
axis＝1）とします。

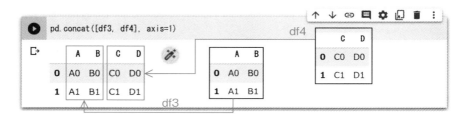

axis＝1 を付けることで、横方向に連結が行われていることがわかります。
なお「axis＝1」を付けないと、縦方向に連結されるので次のように

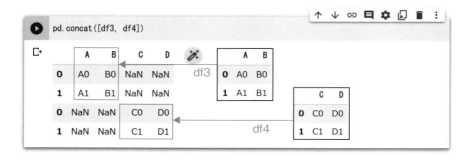

NaN（非数）のある表となります。このように連結する方向を間違えた場合は
axis を加えて修正しましょう。次は上記のように、NaN がある DataFrame に
対して NaN を含まないように連結する方法を見ていきましょう。DataFrame
として df5 と df6 を準備します。df5 は A、B、C の列があり、df6 は B、C、

D の列がある DataFrame とします。

　まず df5 と df6 を表示します。

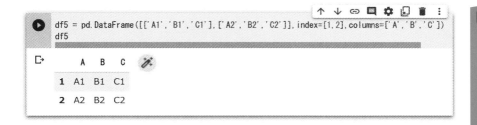

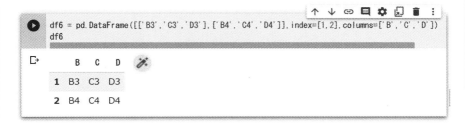

　df5, df6 のような 2 つの DataFrame を concat（）で連結すると、次のように値がない部分があるので、NaN（非数）が含まれた表ができます。

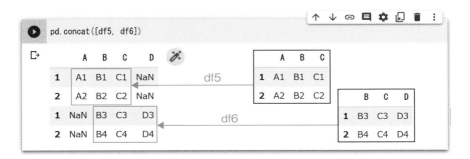

　欠損値を含まない表を作成するには連結の方法を指定する必要があります。連結を指定するのは join で、欠損値を含まないよう df5 と df6 の共通部分だけにするためには join = 'inner' とします。

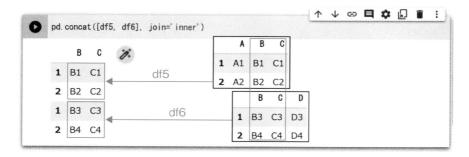

```
pd.concat([df5, df6], join='inner')
```

join = 'inner' を指定することで、NaN がない表を作成できました。

ここまでは concat（）関数による連結でした。次は横方向に連結する merge について見ていきます。

まず連結の元となる DataFrame として df1 を準備します。

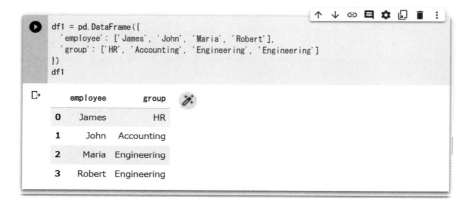

```
df1 = pd.DataFrame({
    'employee': ['James', 'John', 'Maria', 'Robert'],
    'group': ['HR', 'Accounting', 'Engineering', 'Engineering']
})
df1
```

	employee	group
0	James	HR
1	John	Accounting
2	Maria	Engineering
3	Robert	Engineering

df1 は従業員（employee）の名前と従業員の所属（group）の表です。

次に用意する DataFrame はそれぞれの従業員の入社年を示すデータです。この 2 つの DataFrame を merge（）を使って連結します。

グループを表す df1 と、入社年を表す df2 を連結し、df3 とします。

df1 と df2 の employee は、それぞれの項目の順が異なるので、同じ順になるように調整されて連結されます。

次に各グループの上司（superviser）を示した表 df4 を準備します。

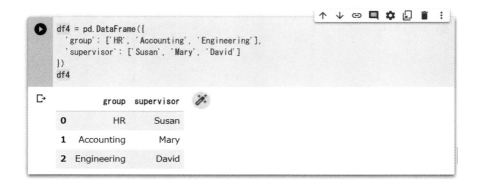

```
df4 = pd.DataFrame({
    'group': ['HR', 'Accounting', 'Engineering'],
    'supervisor': ['Susan', 'Mary', 'David']
})
df4
```

	group	supervisor
0	HR	Susan
1	Accounting	Mary
2	Engineering	David

df3 と df4 を merge で連結させると従業員（employee）が所属しているグループ（group）、入社年（hire_date）そしてグループの上司（supervisor）をそれぞれ示すことができます。

```
pd.merge(df3, df4)
```

	employee	group	hire_date	supervisor
0	James	HR	2014	Susan
1	John	Accounting	2018	Mary
2	Maria	Engineering	2010	David
3	Robert	Engineering	2020	David

さらに5つ目の DataFrame として、各グループで必要な技術（skills）を示した表 df5 を準備します。

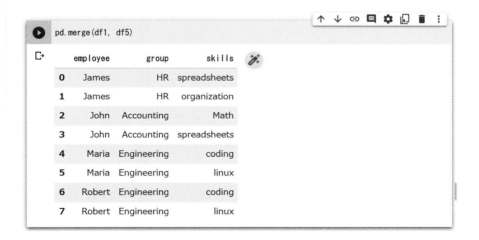

```
df5 = pd.DataFrame({
    'group': ['HR', 'HR', 'Accounting', 'Accounting', 'Engineering', 'Engineering'],
    'skills': ['spreadsheets', 'organization', 'Math', 'spreadsheets', 'coding', 'linux']
})
df5
```

	group	skills
0	HR	spreadsheets
1	HR	organization
2	Accounting	Math
3	Accounting	spreadsheets
4	Engineering	coding
5	Engineering	linux

df5 を、group の列がある df1 と merge()で連結させると、次の表となります。

```
pd.merge(df1, df5)
```

	employee	group	skills
0	James	HR	spreadsheets
1	James	HR	organization
2	John	Accounting	Math
3	John	Accounting	spreadsheets
4	Maria	Engineering	coding
5	Maria	Engineering	linux
6	Robert	Engineering	coding
7	Robert	Engineering	linux

このように技術（skills）に対してグループ（group）が連結（merge）された状態になります。1つのグループに対して複数の技術（skills）が対応しています。例えば Engineering の場合は、coding と Linux の2つの技術（skills）が必要になることが表からわかります。そして必要な技術（skills）を持って

いるのは Maria と Robert の 2 人ということも表からわかります。項目を基に merge を指定することもできます。従業員（employee）を基に merge すると

さらに merge について見ていきましょう。DataFrame の df6 と df7 を準備します。

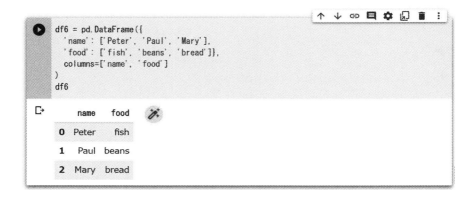

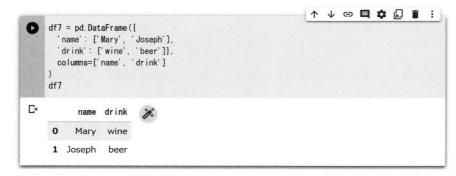

　列の要素がない場合、merge の方法を指定できます。初期の設定は共通の
もので merge します。df6 と df7 に共通するのは Mary なので

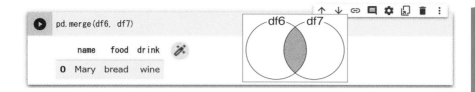

となります。これは inner という merge の方法です。他に outer、left、right
の連結方法があります。まず outer の merge を見てみましょう。outer は「また
は」の連結で引数の指定は how を用います。df6 または df7 を表にすると、次
の通りです。

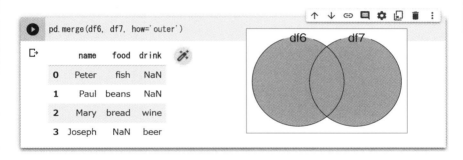

　outer で指定した場合、値がない場所は NaN（非数）となり、そのまま縦方
向に連結されます。

leftの指定はpd.merge（df6, df7）の左側にあるdf6のデータを基にdf7のデータが連結されます。連結する際に、要素がなければNaN（非数）で埋められます。

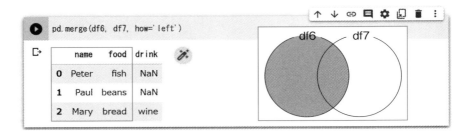

最後にDataFrameの集約とグループ化について見ていきます。
まずランダムな値が5つ入ったSeriesを準備します。

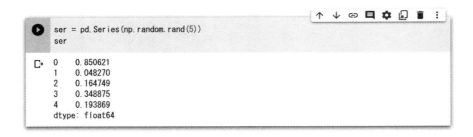

Seriesの各値の合計を求める場合はsum関数を利用します。

Seriesの各値の平均を求める場合はmean関数を利用します。

DataFrameに対しても同じように平均値を表示することができます。
まずDataFrameとしてdfを準備します。

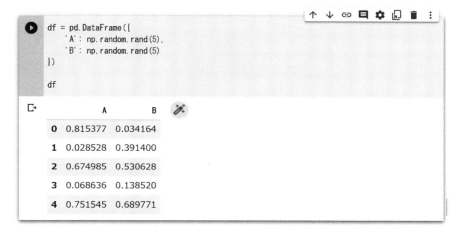

df.mean（）とするとA列の平均値とB列の平均値が表示されます。

axisでcolumnsを指定すると、各行の平均値が表示されます。

この他に pandas には平均値（mean）や標準偏差（std）など、データの前処理を行う際に用いる値をまとめて表示する describe 関数が用意されています。iris というサンプルデータを用いて describe 関数の動作を確認してみましょう。

　iris データセットを読み込んで pandas の形式に置き換え、それに対して describe 関数を呼び出します。describe 関数を用いることで、統計的な情報を簡単に求めることができます。

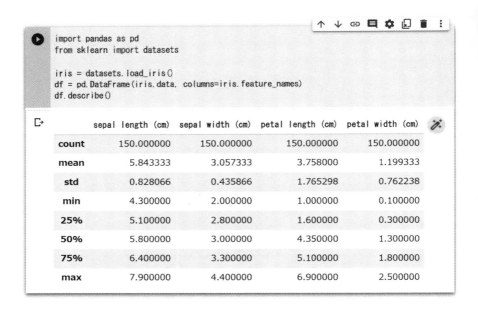

```python
import pandas as pd
from sklearn import datasets

iris = datasets.load_iris()
df = pd.DataFrame(iris.data, columns=iris.feature_names)
df.describe()
```

	sepal length (cm)	sepal width (cm)	petal length (cm)	petal width (cm)
count	150.000000	150.000000	150.000000	150.000000
mean	5.843333	3.057333	3.758000	1.199333
std	0.828066	0.435866	1.765298	0.762238
min	4.300000	2.000000	1.000000	0.100000
25%	5.100000	2.800000	1.600000	0.300000
50%	5.800000	3.000000	4.350000	1.300000
75%	6.400000	3.300000	5.100000	1.800000
max	7.900000	4.400000	6.900000	2.500000

　次にグループ化を見ていきます。グループ化は同じものを合体させる処理です。DataFrame として df を準備します。

```
df = pd.DataFrame({
    'key': ['A', 'B', 'C', 'A', 'B', 'C'],
    'data': range(6)
}, columns=['key', 'data'])

df
```

	key	data
0	A	0
1	B	1
2	C	2
3	A	3
4	B	4
5	C	5

3

プログラミング

上記の DataFrame の key 列は A, B, C がまとまっていません。そこで key 列の A, B, C をグループ化していきます。

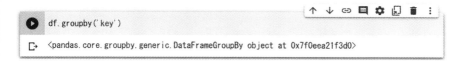

```
df.groupby('key')
```

```
<pandas.core.groupby.generic.DataFrameGroupBy object at 0x7f0eea21f3d0>
```

グループ化されたので、確認してみましょう。A, B, C をそれぞれ足し算すると次の通りです。

```
df.groupby('key').sum()
```

	data
key	
A	3
B	5
C	7

上記の結果の通り、A 同士は 0 と 3 なので合計は 3、B 同士は 1 と 4 なので

合計は5、C同士は2と5なので、合計は7となります。

　他に列ごとに最小値、中央値、最大値を求める aggregate 関数があります。aggregate は集計という意味です。DataFrame として df を準備します。

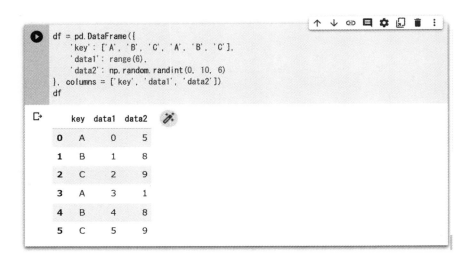

　A, B, C をグループ化して、aggregate 関数の動きを見てみると、次の通りです。

```
df.groupby('key').aggregate(['min', np.median, max])
```

	data1			data2		
	min	median	max	min	median	max
key						
A	0	1.5	3	1	3.0	5
B	1	2.5	4	8	8.0	8
C	2	3.5	5	9	9.0	9

Matplotlibでグラフの可視化

　データの可視化を行うライブラリ Matplotlib を見ていきます。Matplotlib を用いると、様々な数値データを可視化でき、下図にある折れ線グラフ、ヒストグラム、密度分布図、3 次元のグラフ、散布図などを容易に作成できます。

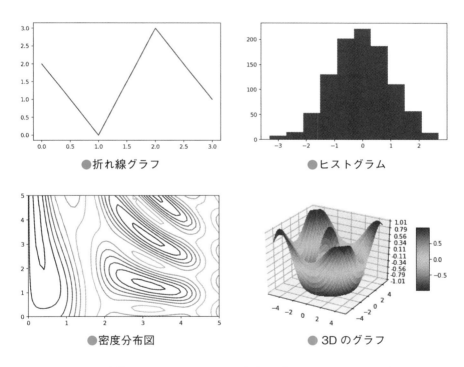

●折れ線グラフ　　　　　　　　　　●ヒストグラム

●密度分布図　　　　　　　　　● 3D のグラフ

　Matplotlib で数値データをグラフで可視化できることがわかりましたので、可視化の必要性について少し触れます。

　例えば次頁に表形式のデータが表示されています。

	sepal length (cm)	sepal width (cm)	petal length (cm)	petal width (cm)	target
0	5.1	3.5	1.4	0.2	setosa
1	4.9	3.0	1.4	0.2	setosa
2	4.7	3.2	1.3	0.2	setosa
3	4.6	3.1	1.5	0.2	setosa
4	5.0	3.6	1.4	0.2	setosa
...	...	...	...	...	...
145	6.7	3.0	5.2	2.3	virginica
146	6.3	2.5	5.0	1.9	virginica
147	6.5	3.0	5.2	2.0	virginica
148	6.2	3.4	5.4	2.3	virginica
149	5.9	3.0	5.1	1.8	virginica

150 rows × 5 columns

　これはアヤメの花の種類について、がく片と花びらの長さと幅を計測した結果のデータセットです。アヤメの花の種類のデータセットについては後に詳しく見ていきますが、概要としては、がく片と花びらの長さからアヤメの花の3種類（setosa、versicolor、virginica）を分類することが目的です。

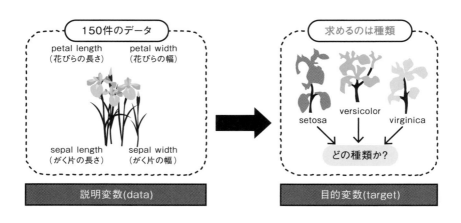

　150 件のデータを取って、その計測結果とその花の品種が表示されています
が、これだけを見てのデータの傾向を把握するのは困難です。そこで下図のよ
うに散布図にすることで、データにどのような傾向があるのかを簡単に確認す
ることができます。

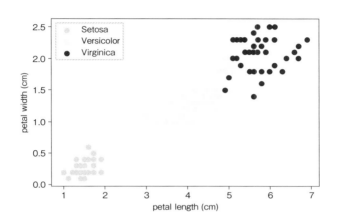

　次に Matplotlib を使ってできる可視化を見ていきましょう。Matplotlib にで
きる可視化は大きく 2 つあります。

　1 つ目は統計データをグラフで可視化すること、もう 1 つは画像データに
様々な加工を行って表示することです。グラフの可視化では、数式をグラフ化
するだけではなく散布図やヒストグラムを描くこともできます。

　画像データの加工については、白黒のデータを色分けしたり、ヒストグラ
ムを作ることができます。Matplotlib とあわせてよく用いられるライブラリに
seaborn があります。

　Matplotlib は数値データ全般、数学的なデータなどいろいろなデータの可視
化が対象であるのに対して、seaborn は統計データや観測データの可視化に特
化したライブラリです。

　seaborn は複雑な分析をした結果をグラフ一式にまとめて容易に出力するこ
とや、美しいグラフを描くことができます。

　Matplotlib と seaborn は前述のように得意・不得意があります。まとめると
次の通りです。

	Matplotlib	seaborn
メリット	・使用している人が多い ・資料等が豊富 ・細かな手動調整が可能 ・機能が豊富	・デザインがよい ・pandas と相性がよい ・統計データの可視化に強い
デメリット	・シンプルなデザイン ・他のライブラリと連携が弱い	・統計データ以外の可視化に弱い ・使用している人が少ない

　まず Matplotlib は seaborn と比較して長い期間使用されているライブラリ
です。そのため使用法に関する資料などがインターネット上を含め多く揃って
いるので、調べやすいメリットがあります。

　また Matplotlib は、細かな手動調整に強く機能が非常に豊富です。これは
長い期間使用されているライブラリなので、多くの人が必要とするものを取り
込み改良しているためです。

　一方 seaborn は、グラフが Matplotlib と比べ現代的で新しいデザインであ
ることが強みです。また seaborn はライブラリの pandas と相性が良く、容易
に使い始めることができます。

　ここまで Matplotlib と seaborn のメリットを見てきましたので、次はデメ
リットを見ていきます。Matplotlib のデメリットはグラフが seaborn のグラフ
と比べてシンプルなため、見た目が少々物足りなく感じる場合があること。ま
た、seaborn は pandas と連携ができて簡単にいろいろなグラフを作ることが
できますが、Matplotlib は他のライブラリとの連携が弱いです。

　一方の seaborn のデメリットは、統計データ以外の可視化については適さ
ないことです。また seaborn は、Matplotlib と比較すると、利用者が多くない
ので、使用法に関する資料が Matplotlib と比べると少ないです。

　そのため、Matplotlib と seaborn は使い分けることが重要です。例えば、
Matplotlib はシンプルなグラフを表示する場合や、日々のデータ分析や簡単な
データの可視化に適しています。またマニュアルでいろいろな調整が必要なグ
ラフを可視化したい場合にも Matplotlib はおすすめです。

　seaborn は綺麗なグラフを容易に生成できるので、説明用の資料を作りたい
場合は有効です。

それでは Matplotlib 使って折れ線を可視化していきます。折れ線グラフの書き方は、Matplotlib を使う上で最も基本的な機能になります。

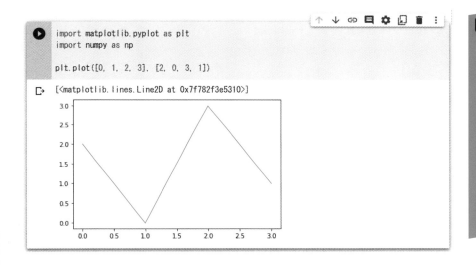

　折れ線グラフを書くためには、Matplotlib にある plot 関数を用います。そのために、まず Matplotlib を matplotlib.pyplot として読み込みます。
　Matplotlib.pyplot を plt と略記して読み込むことが慣例です。この plt にある plot 関数に2つの引数を渡すことで、折れ線グラフを描くことができます。
　折れ線グラフは、横方向の x 軸には、0、1、2、3が並んでいますが、それぞれの値を観測したときの情報です。縦方向の y 軸には、y の値を入れますが、ここでは各時点の観測した値を入れます。このように2つの値 $[0, 1, 2, 3]$、$[2, 0, 3, 1]$ を plot 関数に引き渡すと、折れ線グラフを描きます。
　具体的には $x=0$ のとき $y=2$、$x=1$ のとき $y=0$、$x=2$ のとき $y=3$、$x=3$ のとき $y=1$ で、これらを結んで折れ線グラフを描いています。同じ場所にある2つ目の引数に渡した値が、それぞれのタイミングでの値に対応しています。
　また Matplotlib では、グラフを好きなスタイルに変えることができます。先ほどの折れ線グラフは青い線で描かれていましたが、この plot( ) 関数に、「color = 'green'」とすると、色が緑に指定され、グラフの色を変更して表示することができます。

271

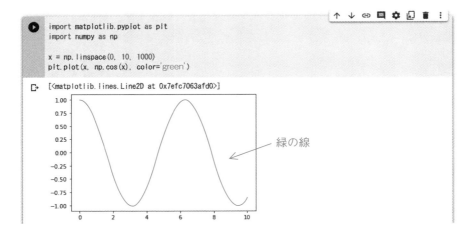

```
import matplotlib.pyplot as plt
import numpy as np

x = np.linspace(0, 10, 1000)
plt.plot(x, np.cos(x), color='green')
```

[<matplotlib.lines.Line2D at 0x7efc7063afd0>]

緑の線

上記は cos のグラフです。cos のように滑らかな図を描くために NumPy にある linspace 関数を使って、x の値を細かくしています。$y = \cos x$ の値は、cos の情報を出力する NumPy の cos 関数「np.cos(x)」を使います。

このように x と y のそれぞれの値を plot 関数に渡すことで、その内容に応じたグラフを描くことができます。続いてスタイルの変更を見ていきましょう。今まで実線で描いていたグラフを点線にすると、次の通りです。

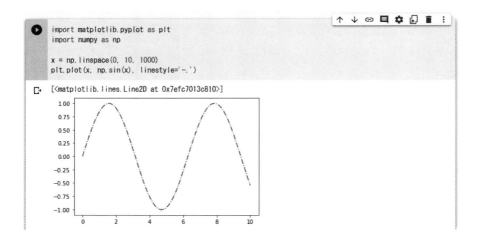

```
import matplotlib.pyplot as plt
import numpy as np

x = np.linspace(0, 10, 1000)
plt.plot(x, np.sin(x), linestyle='-.')
```

[<matplotlib.lines.Line2D at 0x7efc7013c810>]

　前頁の図のように長い線と短い線が交互に現れる点線でグラフを描くこともできます。今回はsinのグラフを描いています。sinのグラフについてもNumPyのときと同じように、まずはlinspace関数を使って細かなxの値を作り、それぞれのxに対応したsinの値を出力するNumPyのsin関数「np.sin(x)」を使って値を生成します。

　今回はグラフのスタイルを実線から破線に変更しましたが、この linestyleという引数に、グラフのスタイルを指定することで、様々なスタイルのグラフを表示することができます。

　続いて散布図を見ていきます。散布図の作り方は大きく2つあり、折れ線グラフと同様にplot関数を使うものとscatter関数を使うものです。基本的な散布図はplot関数、複雑な散布図はscatter関数を用います。まず折れ線グラフと同じように、このplot関数を用いて描く方法から見ていきましょう。

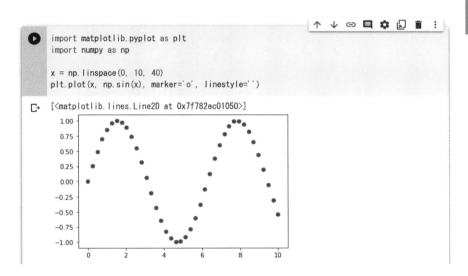

```
import matplotlib.pyplot as plt
import numpy as np

x = np.linspace(0, 10, 40)
plt.plot(x, np.sin(x), marker='o', linestyle='')
```

```
[<matplotlib.lines.Line2D at 0x7f782ec01050>]
```

　グラフはsin関数ですが、今回は実線がなく点だけです。

　xの値に対応した部分に点が記入されたグラフとなっていますが、この点の記入をしている部分がmarkerです。上記のグラフはpyplotのplot関数にmarkerという引数に対して丸い点「o」を描くように指示しています。丸い点「o」をmarkerに渡すことで各場所に点を打つことができます。

散布図の場合は、折れ線グラフのときに用いた線は必要ないので linestyle のところは何もない空文字を示す「" "」とし、線を引かないように制御しています。

　このように「marker = 'o', linestyle = " "」とすることで、折れ線グラフを描くために使っていた plot 関数を、散布図にも応用できます。

　また、折れ線グラフの指定の方法と合わせることで、各ポイントに対して丸い点「o」を打った状態で折れ線グラフを描くこともできます。下図のようにグラフを表示すると、各観測時点での値がわかりやすくなります。

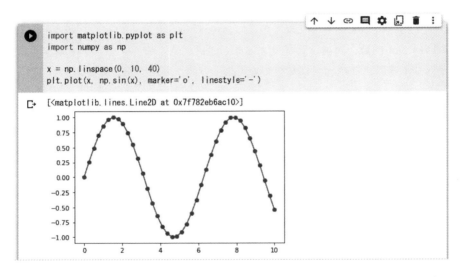

```
import matplotlib.pyplot as plt
import numpy as np

x = np.linspace(0, 10, 40)
plt.plot(x, np.sin(x), marker='o', linestyle='-')
```

[<matplotlib.lines.Line2D at 0x7f782eb6ac10>]

　複雑な散布図では scatter 関数を利用します。まず具体的に見てみましょう。

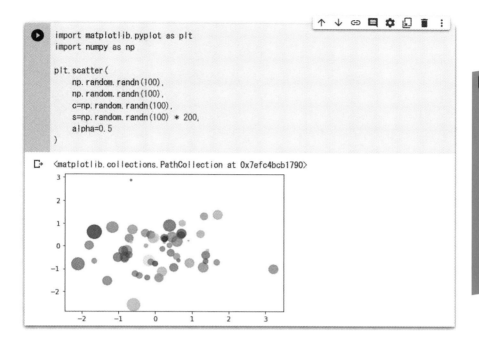

　散布図も2次元のグラフなので、xとyの2つ引数を利用します。上記の図ではNumPyでランダムな値を生成するrandn関数をxとyの両方に用いて値を生成しています。scatter関数は、各ポイントにおける丸の大きさ、丸の色を変更することができます。最後の行にある「alpha＝0.5」のalphaという引数は、各点の透明度を表します。

　続いては密度の可視化です。密度の図は、位置ごとの値を色で示したものです。

　まず図を見てみると、次頁のように等高線のような図となります。

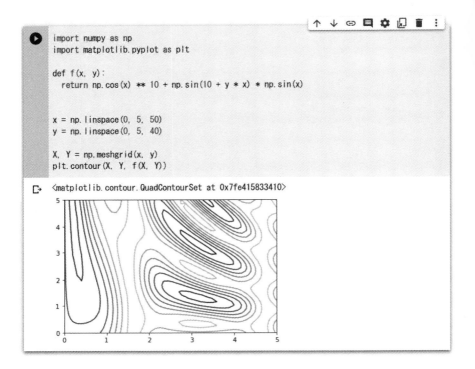

```
import numpy as np
import matplotlib.pyplot as plt

def f(x, y):
  return np.cos(x) ** 10 + np.sin(10 + y * x) * np.sin(x)


x = np.linspace(0, 5, 50)
y = np.linspace(0, 5, 40)

X, Y = np.meshgrid(x, y)
plt.contour(X, Y, f(X, Y))
```

`<matplotlib.contour.QuadContourSet at 0x7fe415833410>`

　この関数は sin 関数と cos 関数を組み合わせた、複雑なものですが、色を使った可視化でイメージをつかむことができます。

　この等高線のような密度の図を描くためには contour 関数を使います。1つ目の引数を x、2つ目の引数 y とします。それぞれ x 方向と y 方向を表しています。この密度の図を表すには3つの引数が必要です。1つ目に x の方向を、2つ目には y の方向、そして3つ目は、x、y それぞれのポイントにおける値を渡すことで密度図を出力することができます。

　密度図の出力は最後の1行 plt.contour$(X, Y, f(X, Y))$ で、行っています。

　上記のプログラムの最後にある contour に f を付けた contourf という別の関数を用いると、上記の図のような等高線ではなく、次頁の図のように色分けで値の高低を示すことができます。Matplotlib と同じようにスタイルを変えた表示もできるので、使い方に応じて選びましょう。

```python
import numpy as np
import matplotlib.pyplot as plt

def f(x, y):
  return np.cos(x) ** 10 + np.sin(10 + y * x) * np.cos(x)


x = np.linspace(0, 5, 50)
y = np.linspace(0, 5, 40)

X, Y = np.meshgrid(x, y)
plt.contourf(X, Y, f(X, Y), 20, cmap='RdGy')
```

<matplotlib.contour.QuadContourSet at 0x7fe414414d90>

最後にヒストグラムを見ていきましょう。

ヒストグラムは、データ分析時によく活用する図で、各値にどれぐらいの数があるのかを示します。例えば学校で身長を測定したときに、クラスで何 cm ぐらいの人が多いのかを図で表すときなどに使います。下に示した図（正規分布の模擬データ）では 0 付近に数多くの情報があります。0 から離れるに従って情報が減少していく様子がわかります。

ヒストグラムを用いることで実際のデータがどのような形をしているのか見ることができます。データを集めて処理をする際、まずはこのヒストグラムを作り可視化をして傾向をつかむことはよくあります。

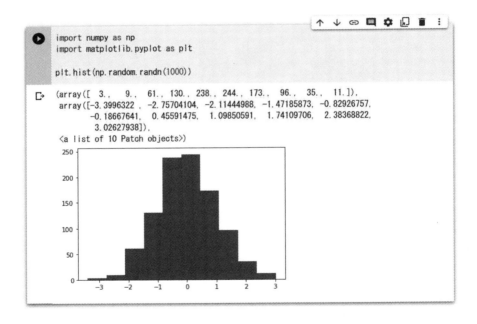

このヒストグラムでは左側から 1 番目の bar、2 番目の bar、3 番目の bar、…、10 番目の bar と合計で 10 個の bar を使った柱状のグラフになっています。この 10 個の bar は、bins という引数を使うことで、数を変更できます。bar を 20 個にすると、次頁の図のように、20 個の bar を使った柱状のグラフとなり、より小さな動きを可視化できるようになります。

↑　↓　⊝　▤　✿　🗋　🗑　⋮

```
import numpy as np
import matplotlib.pyplot as plt

plt.hist(np.random.randn(1000), bins=20)
```

```
(array([  5.,   8.,  16.,  27.,  40.,  53.,  83., 101., 107., 110., 121.,
         98.,  88.,  60.,  33.,  28.,  10.,   8.,   1.,   3.]),
 array([-2.73105299, -2.43788348, -2.14471397, -1.85154446, -1.55837495,
        -1.26520544, -0.97203593, -0.67886642, -0.38569691, -0.0925274 ,
         0.20064211,  0.49381162,  0.78698113,  1.08015064,  1.37332015,
         1.66648966,  1.95965916,  2.25282867,  2.54599818,  2.83916769,
         3.1323372 ]),
 <a list of 20 Patch objects>)
```

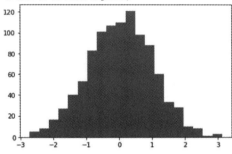

3

プログラミング

Matplotlib で見た目の変更

Matplotlib で作ったグラフや図をカスタマイズして変更する方法を見ていきます。具体的にはグラフに目盛りや凡例を付けて、より見やすく、より便利なグラフを作ることが目標です。まずメモリを付けたグラフを作ります。

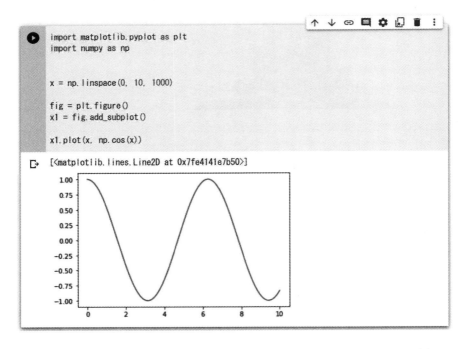

```
import matplotlib.pyplot as plt
import numpy as np


x = np.linspace(0, 10, 1000)

fig = plt.figure()
x1 = fig.add_subplot()

x1.plot(x, np.cos(x))
```

```
[<matplotlib.lines.Line2D at 0x7fe4141e7b50>]
```

これは cos 関数のグラフです。目盛りや凡例を付ける場合、plt.figure( ) に追加することで図を表していきます。前講の p.274 では plot 関数に可視化したいデータを渡してグラフを描いていましたが、より細かな制御をするときは plt.figure( ) を使います。

plt.figure(　)　は、何も書かれていない白い紙を1つ準備するイメージです。白い紙に対して add_subplot(　) で、グラフを描くエリアを準備します。準備したエリアに対して plot(x,np.cos(x)) で cos x の値のグラフを描く指示をします。

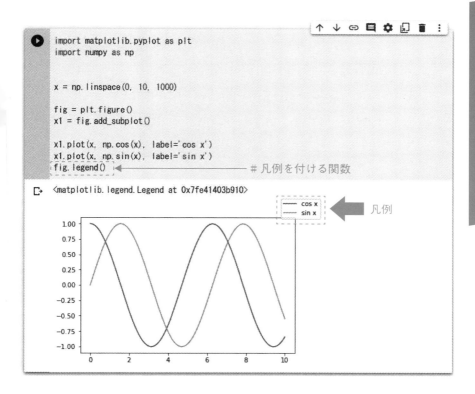

この例では、最後の行にグラフの凡例を付ける legend 関数があります。凡例は右上にある「cos x」、「sin x」のことで、legend 関数を用いると自動的に表示されます。

このグラフも先ほどと同じ plt.figure () を用いて描いています。それぞれのグラフには label という引数で、 cos x、sin x の名前を付けています。

plot(x,np.cos(x), label=‘cos x’)、plot(x,np.cos(x), label=‘sin x’) のように名前付きで渡されたグラフを準備すると、figure にある legend 関数で、凡例が自動的に表示されます。

複数のグラフを表示する際にも、凡例を付けることによって、どのグラフが
何を示しているのかわかりやすくなります。

　次にテーマを使ってグラフの見た目を変える方法を見ていきましょう。

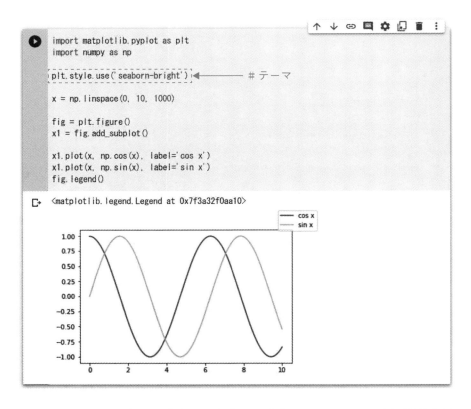

　1つ1つグラフの色を設定することもできますが、plt.style.use( ) 関数を用
いてテーマを書くだけで、グラフ全体の印象を変えることができます。ここで
は seaborn-bright というテーマで、グラフを描く指示をしています。
　テーマは多くの種類があり、黒い背景で表示する場合は dark_background
を選択します。

```
import matplotlib.pyplot as plt
import numpy as np

plt.style.use('dark_background')      ←──── # テーマ

x = np.linspace(0, 10, 1000)

fig = plt.figure()
x1 = fig.add_subplot()

x1.plot(x, np.cos(x), label='cos x')
x1.plot(x, np.sin(x), label='sin x')
fig.legend()
```

<matplotlib.legend.Legend at 0x7f782eeed0d0>

Matplotlib で使えるテーマは plt.style.available で確認できます。

　テーマを使うことでグラフのデザインを一括して変更できるので、自分好み
のデザインで資料を作ることができ、プレゼンテーションの幅が広がります。
様々なテーマを試してみましょう。

seaborn でグラフの可視化

　本講ではデータ可視化するライブラリの seaborn を見ていきましょう。Matplotlib は観測データから画像のようなデータまで、いろいろなデータを自由自在に可視化するライブラリですが、seaborn は、統計データ、観測データをより簡単に、より手軽に、より美しく作成できるライブラリです。seaborn 自体は実際には Matplotlib を使って図を描いているので、seaborn で描くことができる図は Matplotlib でも記述できますが、プログラムがやや複雑となります。

　Matplotlib では描くことが少し難しい複雑なグラフは seaborn を使うことで簡単に描けるようになります。まずは seaborn で生成できる図で特徴的なペアプロット図を見ていきましょう。下にある図がペアプロット図ですが、様々な値（観測値）の関係性について表したグラフとなります。

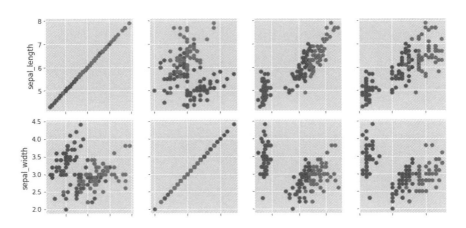

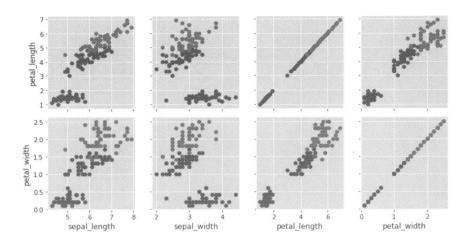

このペアプロット図は、p.270でも扱ったirisのデータセットをseabornで可視化した例です。seabornによる可視化は、各々の値同士がどのような分布になっているかをそれぞれのグラフで示しています。実際にプログラムを見てみましょう。

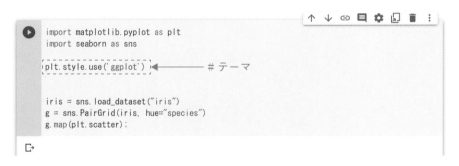

```
import matplotlib.pyplot as plt
import seaborn as sns

plt.style.use('ggplot')  ◄──── #テーマ

iris = sns.load_dataset("iris")
g = sns.PairGrid(iris, hue="species")
g.map(plt.scatter);
```

seaborn自体はMatplotlibを使ってグラフを描いているので、Matplotlibを使ってグラフのスタイルなどを変えることができます。上記ではMatplotlibのスタイル、テーマとしてggplotを使って表示しています。

seabornには、データセットを読み込む関数の1つとしてPairGrid( ) があります。irisのデータセットをPairGrid( ) で読み込むことで、前頁の可視化を行うことができます。

どのようなグラフを描くのかを指定するのが、mapです。

　このようにペアプロット図を描くことで、それぞれの値の関係性を見ることができます。値同士の関係を一度に可視化することで、データからは見分けのつかない観測値における関係性の強さを視覚的に理解することができます。seabornはペアプロット図を描くときにMatplotlibを使っています。そのため、Matplotlibの機能が一部seabornでも有効です。そこで、ここではテーマを変えてみます。Matplotlibにある背景が黒のテーマ「dark_background」を使うことで、seabornで描かれるグラフも下図のように黒の背景で描かれたものとなります。

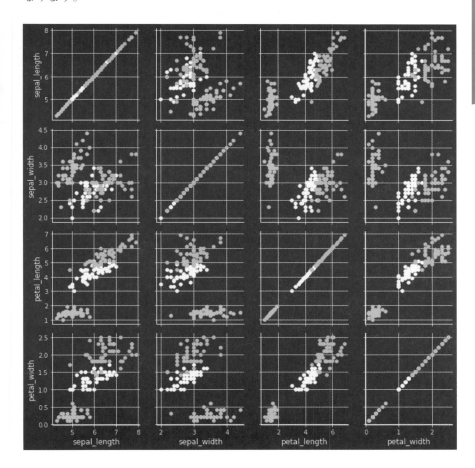

ここまで Matplotlib と seaborn の使い方を見てきました。

　ここでは生理学的特徴と運動能力の関係についてのデータセットを使って、データの分析方法を見ていきましょう。生理学的特徴と運動能力の関係についてのデータセットは、20 人の成人男性をフィットネスクラブで測定した 3 つの運動能力（懸垂の回数、腹筋の回数、跳躍）から、3 つの生理学的特徴（体重、胴囲、脈拍）の数値を予想した回帰モデルです。

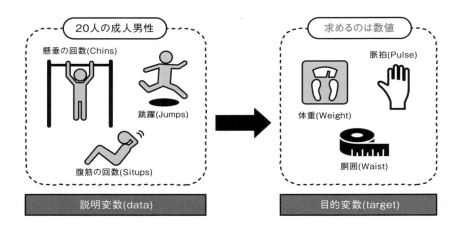

　生理学的特徴と運動能力の関係についてのデータセットは、scikit-learn の関数を使うことで、簡単に読み込むことができるので、こちらもライブラリから読み込みます。

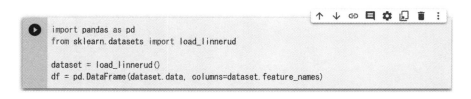

```
import pandas as pd
from sklearn.datasets import load_linnerud

dataset = load_linnerud()
df = pd.DataFrame(dataset.data, columns=dataset.feature_names)
```

　説明変数（data）のデータセット（dataset.data）を、データフレーム（DataFrame）にして表示してみます。0 番目〜 19 番目の 20 人分のデータの中から .head() で先頭の 5 人分だけ表示すると、次の通りです。

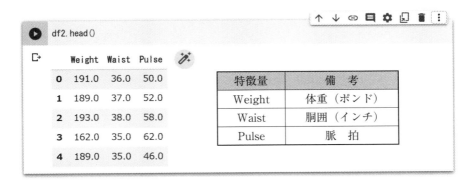

次に目的変数（target）のデータセット（dataset.data）を、データフレーム（DataFrame）にして表示してみます。

```
df2 = pd.DataFrame(dataset.target, columns=dataset.target_names)
```

0番目〜19番目の20人分のデータの中から .head() を付けて先頭の5人分だけ表示すると、次の通りです。

```
df2.head()
```

	Weight	Waist	Pulse
0	191.0	36.0	50.0
1	189.0	37.0	52.0
2	193.0	38.0	58.0
3	162.0	35.0	62.0
4	189.0	35.0	46.0

特徴量	備　考
Weight	体重（ポンド）
Waist	胴囲（インチ）
Pulse	脈　拍

体重の191や189は単位がkgではなくポンド（pound）です。191ポンドは86.64kgです。同様に、胴囲（Waist）の36はcmではなくインチ（inch）で、36インチは91.44cm、37インチは93.98cmです。

説明変数（data）と目的変数（target）を横に連結（concat）するにはpd.concat（[df, df2]）にaxis＝1を指定します。

```
df3 = pd.concat([df, df2], axis=1)
```

df3 の先頭 5 行を表示すると、次の通りです。

```
df3.head()
```

	Chins	Situps	Jumps	Weight	Waist	Pulse
0	5.0	162.0	60.0	191.0	36.0	50.0
1	2.0	110.0	60.0	189.0	37.0	52.0
2	12.0	101.0	101.0	193.0	38.0	58.0
3	12.0	105.0	37.0	162.0	35.0	62.0
4	13.0	155.0	58.0	189.0	35.0	46.0

ここまでは pandas を使って表形式にしました。

続いて Matplotlib、seaborn を使って視覚化していきましょう。

seaborn と DataFrame にある corr( ) 関数を使うと相関行列を描くことができます。相関行列は、値と値の関連の強さを表した図です。

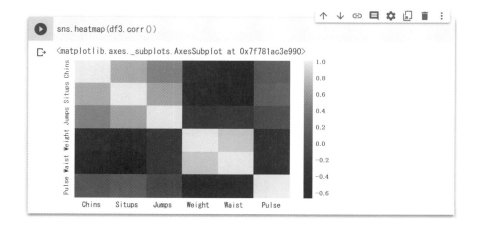

```
sns.heatmap(df3.corr())
```

<matplotlib.axes._subplots.AxesSubplot at 0x7f781ac3e990>

　明るい場所は値が高くなっています。左上からから右下にかけての対角線は同じデータを参照した場所となるため値が高く、正の相関があります。黒い部分、Waist（胴囲）とSitups（腹筋の回数）のペアやWaist（胴囲）とChins（懸垂の回数）などは負の相関関係が見られる部分です。

　Waist（胴囲）が高いと、Situps（腹筋の回数）やChins（懸垂の回数）が少ない、Situps（腹筋の回数）やChins（懸垂の回数）が多いとWaist（胴囲）が低い関係です。

　heatmapを使うことで実際に先ほど読み込んだ情報が、どのような関係にあるのか視覚可することができます。またseabornのペアプロット図を使うことでも相関関係を視覚可することができます。ここからは、より詳細に関係を見ていきましょう。まずはわかりやすい、Situps（腹筋の回数）とWaist（胴囲）の関係を見てみましょう。Situps（腹筋の回数）のヒストグラム（histplot）を表示する場合は、sns.histplot（df3['Situps']）　です。

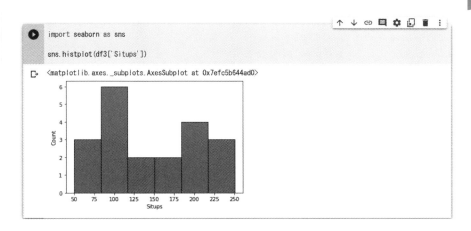

散布図（scatterplot）は次の通りです。

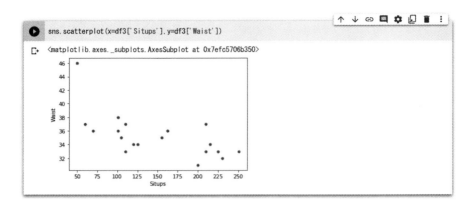

　ヒストグラムと散布図を合体（joint）させた図は joinplot（ ）関数で生成できます。横にヒストグラム、中央に散布図を描きます。

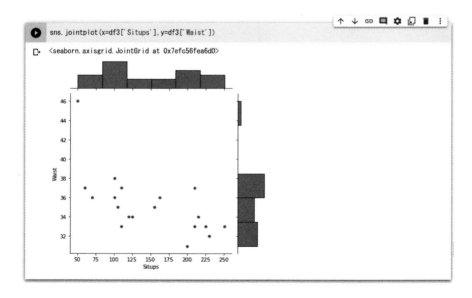

　joinplot（）関数には、kindという値を引数に渡すことで、表示の仕方を変更することもできます。

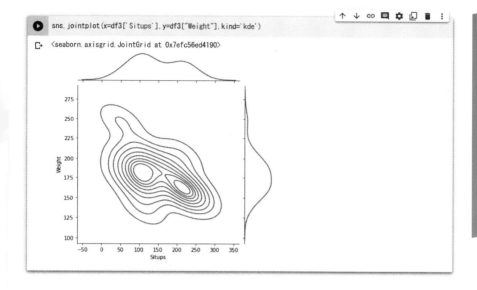

Chins（懸垂の回数）と Situps（腹筋の回数）と Waist（胴囲）の3つでペアプロット図を作ることもできます。

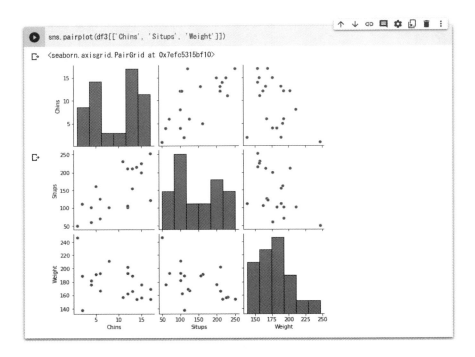

このように seaborn はさまざまな可視化をすることができます。可視化を通して、データがどのような状況にあるのか、どういったデータなのか目で理解できます。そして、実際の分析作業に入ることで、分析の誤りを減らし、分析自体を容易にできます。数値の並びだけではデータを理解するのが難しいので、データを可視化して、どのような内容か理解しやすくしていきます。

scikit-learn の基礎と様々な 機械学習モデル

本講から機械学習モデルを見ていきます。Python で機械学習を容易に実装できるライブラリが scikit-learn です。scikit-learn を import してみましょう。

入力は「from sklearn as datasets」とします。合わせてデータを見やすくするために pandas も import します。

植物のアヤメに関する有名なデータセット Iris を使います。Iris データの読み込みは「iris = datasets.load_iris()」です。このデータセットは、1936 年に生物学者ロナルド・フィッシャーの発表した論文におけるアヤメの花のデータが基になっています。アヤメの花に属する 3 品種、0 番：setosa、1 番：versicolor、2 番：virginica を分類することが目的で、概要は次の通りです。

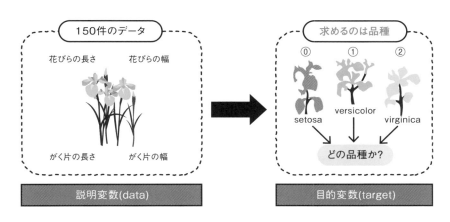

データ名	概　要			
data	学習用データ			
feature_names	特徴量 (4つ)	sepal length がく片の長さ	sepal width がく片の幅	petal length 花びらの長さ	petal width 花びらの幅
target	目的値	0		1	2
target_names サンプル数：150	目的名称 (3つ)	setosa セトサ		versicolor バージカラー	virginica バージニカ

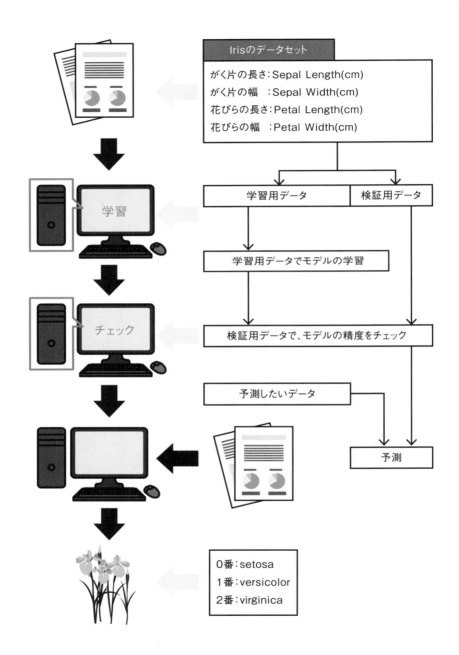

scikit-learn の中に iris のデータセットを読み込むことができます。

```python
import pandas as pd
from sklearn import datasets

iris = datasets.load_iris()
data = pd.DataFrame(iris.data, columns=iris.feature_names)
data['target'] = iris.target_names[iris.target]
data
```

	sepal length (cm)	sepal width (cm)	petal length (cm)	petal width (cm)	target
0	5.1	3.5	1.4	0.2	setosa
1	4.9	3.0	1.4	0.2	setosa
2	4.7	3.2	1.3	0.2	setosa
3	4.6	3.1	1.5	0.2	setosa
4	5.0	3.6	1.4	0.2	setosa
...	...	...	...	...	...
145	6.7	3.0	5.2	2.3	virginica
146	6.3	2.5	5.0	1.9	virginica
147	6.5	3.0	5.2	2.0	virginica
148	6.2	3.4	5.4	2.3	virginica
149	5.9	3.0	5.1	1.8	virginica

150 rows × 5 columns

pandas でデータを読み込むと、表形式でデータが示されます。

データには 4 つの観測値、がく片の幅（sepal width）、がく片の長さ（sepal height）、花びらの幅（petal width）、花びらの長さ（petal height）を確認できます。それぞれに品種に対して 50 のデータを取って、それぞれ品種（target）に対する観測値がペアとなっています。このデータセットを scikit-learn を使って学習させます。

機械学習を行うとき、学習に用いる「訓練用のデータセット」とモデルが学習をきちんと行ったのかを確認する「検証用のデータセット」の 2 つが必要です。iris のデータセットは花について観測した 150 の結果が準備されています。このデータをある割合で 2 つに分割し、訓練用のデータと検証用のデータとします。

この訓練用のデータと検証用のデータは scikit-learn にある train_test_split

3
プログラミング

関数で2つに分割できます。分割した結果を見てみましょう。

```python
from sklearn.model_selection import train_test_split

x_train, x_test, y_train, y_test = train_test_split(iris['data'], iris['target'])
```

```python
data_train = pd.DataFrame(x_train, columns=iris.feature_names)
data_train['target'] = iris.target_names[y_train]
data_train
```

	sepal length (cm)	sepal width (cm)	petal length (cm)	petal width (cm)	target
0	4.4	2.9	1.4	0.2	setosa
1	5.4	3.7	1.5	0.2	setosa
2	5.7	4.4	1.5	0.4	setosa
3	6.8	2.8	4.8	1.4	versicolor
4	6.5	3.2	5.1	2.0	virginica
...	...	...	...	...	...
107	5.0	3.3	1.4	0.2	setosa
108	5.6	2.7	4.2	1.3	versicolor
109	6.4	2.9	4.3	1.3	versicolor
110	7.7	3.0	6.1	2.3	virginica
111	7.6	3.0	6.6	2.1	virginica

112 rows × 5 columns

```python
data_test = pd.DataFrame(x_test, columns=iris.feature_names)
data_test['target'] = iris.target_names[y_test]
data_test.tail()
```

	sepal length (cm)	sepal width (cm)	petal length (cm)	petal width (cm)	target
33	5.8	4.0	1.2	0.2	setosa
34	5.7	2.8	4.5	1.3	versicolor
35	6.0	3.0	4.8	1.8	virginica
36	5.1	3.3	1.7	0.5	setosa
37	5.4	3.4	1.7	0.2	setosa

　分割した結果150件が全体のデータだったのに対して、訓練用のデータは約75%の112件、検証用のデータは約25%の38件に分割されています。

　ここで target の列を見てください。品種がシャッフルされています。当初用意された全体のデータでは、品種順にデータが並んでいたのですが、同じような問題が続く状態になるので、学習がうまくいきません。そのため訓練用と検証用のデータを分割するタイミングで中身をシャッフルしてバラバラに問題が並ぶようにしています。

3
プログラミング

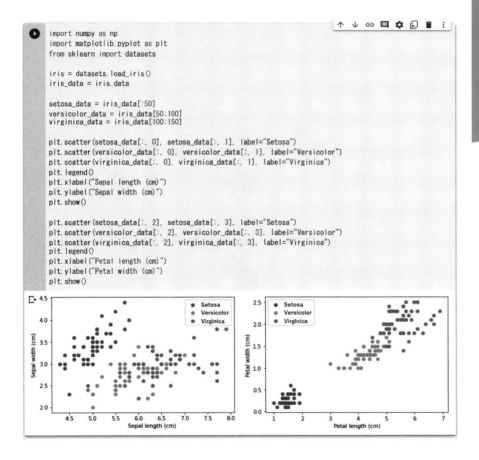

```python
import numpy as np
import matplotlib.pyplot as plt
from sklearn import datasets

iris = datasets.load_iris()
iris_data = iris.data

setosa_data = iris_data[:50]
versicolor_data = iris_data[50:100]
virginica_data = iris_data[100:150]

plt.scatter(setosa_data[:, 0], setosa_data[:, 1], label="Setosa")
plt.scatter(versicolor_data[:, 0], versicolor_data[:, 1], label="Versicolor")
plt.scatter(virginica_data[:, 0], virginica_data[:, 1], label="Virginica")
plt.legend()
plt.xlabel("Sepal length (cm)")
plt.ylabel("Sepal width (cm)")
plt.show()

plt.scatter(setosa_data[:, 2], setosa_data[:, 3], label="Setosa")
plt.scatter(versicolor_data[:, 2], versicolor_data[:, 3], label="Versicolor")
plt.scatter(virginica_data[:, 2], virginica_data[:, 3], label="Virginica")
plt.legend()
plt.xlabel("Petal length (cm)")
plt.ylabel("Petal width (cm)")
plt.show()
```

scikit-learn で k 近傍法

　本講では k 近傍法（k-nearest neighbor algorithm, k-NN）という機械学習のアルゴリズムを見ていきましょう。k 近傍法は、未知のデータが与えられた際、既存データのうち最も近くにある k 個のデータを使って多数決でデータを分類する教師あり学習のアルゴリズムで、容易に使い始められます。

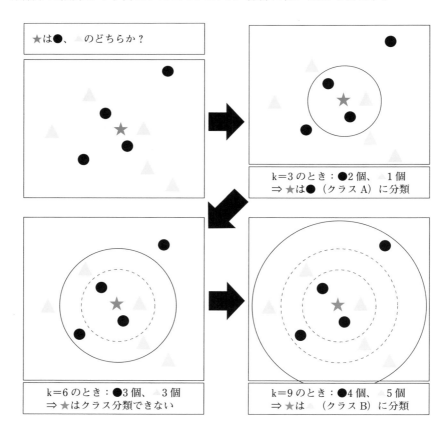

★は●、▲のどちらか？

k=3 のとき：●2個、▲1個
⇒ ★は● （クラス A）に分類

k=6 のとき：●3個、▲3個
⇒ ★はクラス分類できない

k=9 のとき：●4個、▲5個
⇒ ★は▲ （クラス B）に分類

k 近傍法のクラス分類には、KNeighborsClassifier を使用します。

k の値が小さいとノイズに弱くなり、k の値が大きいと精度が下がるため、k の値が最適になるように設定する必要があります。

3

プログラミング

k 近傍法（k-NN：k-nearest neighbor）

モデル＝KNeighborsClassifier ← モデルは knn とすることが多い

モデル .fit（説明変数 x、目的変数 y）

- -

予測結果

予測結果＝predict（説明変数 x）

それでは実装しましょう。

```
from sklearn.neighbors import KNeighborsClassifier
from sklearn import datasets
iris = datasets.load_iris()

from sklearn.model_selection import train_test_split
x_train, x_test, y_train, y_test = train_test_split(iris.data, iris.target)

knn = KNeighborsClassifier(n_neighbors=1)
knn.fit(x_train, y_train)
```

```
KNeighborsClassifier(n_neighbors=1)
```

scikit-learn では、アルゴリズムを選び、その後 fit 関数を呼び出すため、最後の 2 行が scikit-learn を使うときの最も基本的な使い方になります。

まずアルゴリズムを選ぶという作業が必要ですが、アルゴリズムはたくさんあるので、scikit-learn から必要なアルゴリズムを import します。そのアルゴリズムに対して、アルゴリズムを使う準備をします。準備が終わると、先ほど準備した、学習用のデータを渡します。

学習用データを渡すときは fit 関数を使います。アルゴリズムを準備し、学習データを fit 関数に渡すステップは、scikit-learn ではどのアルゴリズムに対しても同じです。この 2 つの作業によって、機械学習のアルゴリズムを自分が

準備したデータに学習させることができるようになります。

　学習が終わると、モデルを使うことができるようになります。モデルを使うときは、予測をさせたいデータを predict 関数に渡すことで、学習の結果を出力することができます。以下では predict 関数に検証用データ x_test を渡すことで、予想結果を出力します。

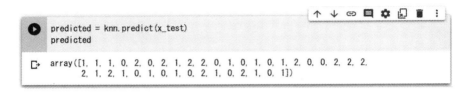

　予想結果が数値で出力されました。

　0 番目のみを検証する場合は x_test［0］とします。

```
predicted0 = knn.predict([x_test[0]])
predicted0
```
```
array([1])
```

　predicted の値から品種を確認すると、次の通りです。

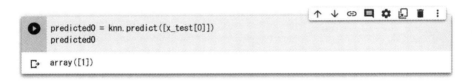

　k 近傍法による学習データを predict 関数に渡すことで、学習の結果を用いたデータの分類を行うことができました。

　予測した結果がわかったので、実際の答えを確認します。実際のデータは次の通りです。

```
iris['target_names'][y_test]
```

```
array(['versicolor', 'versicolor', 'versicolor', 'setosa', 'versicolor', ⟵ [4]
       'setosa', 'virginica', 'versicolor', 'virginica', 'virginica',
       'setosa', 'versicolor', 'setosa', 'versicolor', 'setosa',
       'versicolor', 'virginica', 'setosa', 'setosa', 'virginica',
       'virginica', 'virginica', 'virginica', 'versicolor', 'virginica',
[25] ⟶ 'virginica', 'setosa', 'versicolor', 'setosa', 'versicolor',
       'setosa', 'virginica', 'versicolor', 'setosa', 'virginica',
       'versicolor', 'setosa', 'versicolor'], dtype='<U10')
```

38のデータのうち誤っているのは2つで、[4]番目と[25]番目でした。

```
print('4番目の予想は', iris['target_names'][predicted[4]])
print('4番目の正解は', iris['target_names'][y_test[4]])
print()
print('25番目の予想は', iris['target_names'][predicted[25]])
print('25番目の正解は', iris['target_names'][y_test[25]])
```

```
4番目の予想は   virginica
4番目の正解は   versicolor

25番目の予想は  versicolor
25番目の正解は  virginica
```

38のデータのうち36が正解しているので、正解率（accuracy score）は
0.947368421で、k近傍法による分類精度がわかります。

```
from sklearn.metrics import accuracy_score

predicted = knn.predict(x_test)
score = accuracy_score(y_test, predicted)
print("正解率：", score)
```

```
正解率： 0.9473684210526315
```

プログラミング

3

scikit-learn で決定木

前講では、k 近傍法による分類を見てきました。

本講で見ていく決定木も分類のアルゴリズムです。決定木は Yes-No の質問で分岐させ、繰り返すことで分類するアルゴリズムです。iris のデータセットでは、次のように分類していきます。

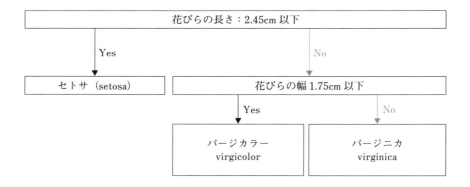

それでは、実装していきましょう。

決定木 （decision tree）
モデル = tree.DecisionTreeClassifier（max_depth = ○）
モデル .fit（説明変数 x、目的変数 y）

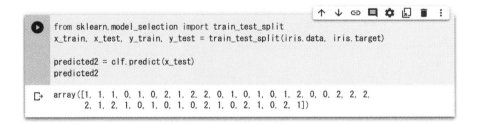

```
from sklearn import tree
from sklearn.datasets import load_iris


iris = load_iris()
clf = tree.DecisionTreeClassifier(max_depth=3)
clf = clf.fit(iris.data, iris.target)
clf.predict(iris.data)
```

```
array([0, 0, 0, 0, 0, 0, 0, 0, 0, 0, 0, 0, 0, 0, 0, 0, 0, 0, 0, 0, 0,
       0, 0, 0, 0, 0, 0, 0, 0, 0, 0, 0, 0, 0, 0, 0, 0, 0, 0, 0, 0, 0,
       0, 0, 0, 0, 0, 0, 1, 1, 1, 1, 1, 1, 1, 1, 1, 1, 1, 1, 1, 1, 1,
       1, 1, 1, 1, 1, 2, 1, 1, 1, 1, 1, 1, 2, 1, 1, 1, 1, 1, 2, 1, 1,
       1, 1, 1, 1, 1, 1, 1, 1, 1, 1, 1, 2, 2, 2, 2, 2, 1, 2, 2, 2,
       2, 2, 2, 2, 2, 2, 2, 2, 2, 2, 2, 2, 2, 2, 2, 2, 2, 2, 2, 2,
       2, 2, 2, 2, 2, 2, 2, 2, 2, 2, 2, 2, 2, 2, 2, 2, 2])
```

アルゴリズムは異なりますが、使い方は同じです。アルゴリズムをまず準備して、学習データを fit 関数に渡します。そして入力の値として使いたいデータ、未知のデータを predict 関数に渡すことで学習したアルゴリズムを使うことができる仕組みです。決定木による予想結果は、次の通りです。

```
from sklearn.model_selection import train_test_split
x_train, x_test, y_train, y_test = train_test_split(iris.data, iris.target)

predicted2 = clf.predict(x_test)
predicted2
```

```
array([1, 1, 1, 0, 1, 0, 2, 1, 2, 2, 0, 1, 0, 1, 0, 1, 2, 0, 0, 2, 2, 2,
       2, 1, 2, 1, 0, 1, 0, 1, 0, 2, 1, 0, 2, 1, 0, 2, 1])
```

予想結果が数値で出力されました。predicted2 の値から品種を確認すると次の通りです。

　決定木による学習データを predict 関数に渡すことで、学習の結果を用いたデータの分類を行うことができました。予測した結果がわかったので、実際の答えを確認します。実際のデータは次の通りです。

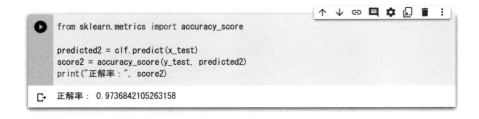

　38 のデータのうち誤っているのは 1 つで［25］番目でした。

　38 のデータのうち 37 が正解しているので、正解率（accuracy score）は 0.973684211 で、決定木による分類精度がわかります。

```
from sklearn.metrics import accuracy_score

predicted2 = clf.predict(x_test)
score2 = accuracy_score(y_test, predicted2)
print("正解率：", score2)
```
```
正解率： 0.9736842105263158
```

scikit-learn でサポート ベクターマシン

　本講ではサポートベクターマシン（SVM：Support Vector Machine）という画像認識などによく使われる分類アルゴリズムを見ていきましょう。SVM は、クラスを分類するために下図のように境界線を引く方法です。下図の通り境界線を引く方法は複数あり、1 通りに定まりません。そこで SVM は、それぞれのクラス（下図では●と■）と境界線との距離が最大となるように設定します。このとき、境界線を決定境界、決定境界とクラスの間の距離が最小となるときのデータをサポートベクターといいます。

　SVM も今までと同じ使い方ができるので、まずアルゴリズムを準備します。

　そしてデータを fit 関数に渡すことでアルゴリズムを学習させます。

　学習したアルゴリズムを、predict 関数で実際に用いる 3 つのステップによって、アルゴリズムを利用することができます。

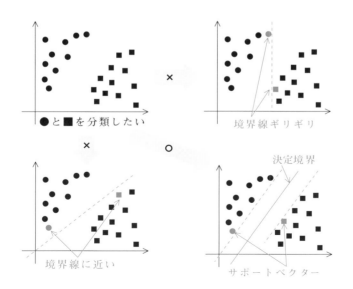

●と■を分類したい　　×　　境界線ギリギリ

×　　○

境界線に近い　　決定境界　　サポートベクター

まずモデルに学習させます。

```
from sklearn import svm
from sklearn.datasets import load_iris


iris = load_iris()
clf = svm.SVC(gamma="scale")
clf = clf.fit(iris.data, iris.target)
clf.predict(iris.data)
```

```
array([0, 0, 0, 0, 0, 0, 0, 0, 0, 0, 0, 0, 0, 0, 0, 0, 0, 0, 0, 0, 0, 0, 0,
       0, 0, 0, 0, 0, 0, 0, 0, 0, 0, 0, 0, 0, 0, 0, 0, 0, 0, 0, 0, 0, 0, 0,
       0, 0, 0, 0, 1, 1, 1, 1, 1, 1, 1, 1, 1, 1, 1, 1, 1, 1, 1, 1, 1, 1, 1,
       1, 1, 1, 1, 1, 1, 1, 1, 1, 1, 1, 2, 1, 1, 1, 1, 2, 1, 1, 1, 1,
       1, 1, 1, 1, 1, 1, 1, 1, 1, 1, 2, 2, 2, 2, 2, 1, 2, 2, 2,
       2, 2, 2, 2, 2, 2, 2, 2, 2, 2, 2, 2, 2, 2, 2, 2, 2, 2, 2, 2,
       2, 2, 2, 2, 2, 2, 1, 2, 2, 2, 2, 2, 2, 2, 2, 2, 2])
```

SVM による学習データを predict 関数に渡すことで、学習の結果を用いた
データの分類を行います。

```
from sklearn.model_selection import train_test_split
x_train, x_test, y_train, y_test = train_test_split(iris.data, iris.target)

predicted3 = clf.predict(x_test)
predicted3
```

```
array([0, 2, 1, 1, 0, 1, 2, 2, 2, 1, 0, 0, 2, 1, 2, 1, 1, 2, 2, 1, 2, 0,
       0, 2, 0, 2, 1, 1, 0, 0, 2, 1, 0, 0, 0, 0, 0, 1])
```

　予想結果が数値で出力されました。predicted3 の値から品種を確認すると、次の通りです。

```
iris['target_names'][predicted3]
```
```
array(['setosa', 'virginica', 'versicolor', 'versicolor', 'setosa',
       'versicolor', 'virginica', 'virginica', 'virginica', 'versicolor',
       'setosa', 'setosa', 'virginica', 'versicolor', 'virginica',
       'versicolor', 'versicolor', 'virginica', 'virginica', 'versicolor',
       'virginica', 'setosa', 'setosa', 'virginica', 'setosa',
       'virginica', 'versicolor', 'versicolor', 'setosa', 'setosa',
       'virginica', 'versicolor', 'setosa', 'setosa', 'setosa', 'setosa',
       'setosa', 'versicolor'], dtype='<U10')
```

　予測した結果がわかったので、実際の答えを確認します。実際のデータは次の通りです。

```
iris['target_names'][y_test]
```
```
array(['setosa', 'virginica', 'versicolor', 'versicolor', 'setosa',
       'versicolor', 'virginica', 'virginica', 'virginica', 'versicolor',
       'setosa', 'setosa', 'virginica', 'versicolor', 'virginica',
       'versicolor', 'versicolor', 'virginica', 'virginica', 'versicolor',
       'virginica', 'setosa', 'setosa', 'virginica', 'setosa',
       'virginica', 'versicolor', 'versicolor', 'setosa', 'setosa',
       'virginica', 'versicolor', 'setosa', 'setosa', 'setosa', 'setosa',
       'setosa', 'versicolor'], dtype='<U10')
```

　38 のデータのすべて正解なので正解率（accuracy score）は 1.0 です。次の通り、今回の SVM による分類精度は正確だったことがわかります。

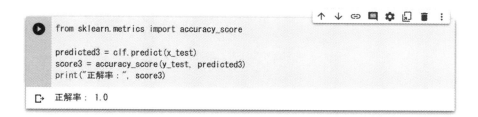

```
from sklearn.metrics import accuracy_score

predicted3 = clf.predict(x_test)
score3 = accuracy_score(y_test, predicted3)
print("正解率：", score3)
```
```
正解率： 1.0
```

scikit-learn で回帰分析

　次は線形回帰の問題を見ていきましょう。線形は直線です。回帰は今までの分類と違い、結果を数字で表します。回帰は、予想したいもの（説明変数 x）と予想されるもの（目的変数 y）の関連性が強い場合に使用します。

　回帰の問題では有名なのはボストン住宅価格のデータセットなので、こちらを取り上げていきます。ただしボストン住宅価格については Google Colraboratory の Ver10 で非推奨、Ver1.2 で削除となっているので、ジュピターノートブック環境で実装していきます。

　ボストン住宅価格は、住宅の価格がいろいろな要因によって決まっていることを示したデータです。データを読み込み、中身を見てみましょう。

変数	詳細
CRIM	犯罪発生率
ZN	25,000 平方フィート以上の住宅区画の割合
INDUS	小売業以外の商業が占める土地面積の割合
CHAS	チャールズ川沿いかどうか　（1：川沿い、0：それ以外）
NOX	窒素酸化物の濃度
RM	平均部屋数
AGE	1940 年よりも前に建てられた物件の割合
DIS	ボストンにある 5 つの雇用施設までの重み付きの距離
RAD	環状道路へのアクセス指数
TAX	10,000 ドルあたりの固定資産税の割合
PTRATIO	町ごとの生徒と教師の比率
B	$1000(B_k - 0.63)^2$ の値、B_k は町ごとの黒人の割合
LSTAT	低所得者の割合　（%）
MEDV	住宅価格の中央値　（単位：1000 ドル）

ボストン住宅価格のデータセット（回帰）

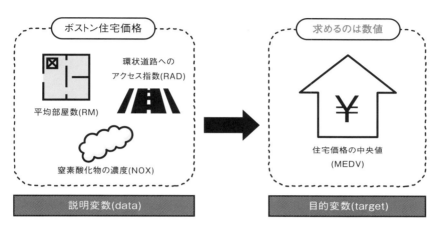

ボストン住宅価格

平均部屋数(RM)

環状道路への
アクセス指数(RAD)

窒素酸化物の濃度(NOX)

説明変数(data)

求めるのは数値

住宅価格の中央値
(MEDV)

目的変数(target)

3
プログラミング

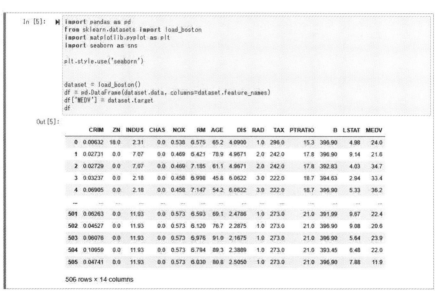

```
In [5]:  import pandas as pd
         from sklearn.datasets import load_boston
         import matplotlib.pyplot as plt
         import seaborn as sns

         plt.style.use('seaborn')

         dataset = load_boston()
         df = pd.DataFrame(dataset.data, columns=dataset.feature_names)
         df['MEDV'] = dataset.target
         df
```

Out[5]:

	CRIM	ZN	INDUS	CHAS	NOX	RM	AGE	DIS	RAD	TAX	PTRATIO	B	LSTAT	MEDV
0	0.00632	18.0	2.31	0.0	0.538	6.575	65.2	4.0900	1.0	296.0	15.3	396.90	4.98	24.0
1	0.02731	0.0	7.07	0.0	0.469	6.421	78.9	4.9671	2.0	242.0	17.8	396.90	9.14	21.6
2	0.02729	0.0	7.07	0.0	0.469	7.185	61.1	4.9671	2.0	242.0	17.8	392.83	4.03	34.7
3	0.03237	0.0	2.18	0.0	0.458	6.998	45.8	6.0622	3.0	222.0	18.7	394.63	2.94	33.4
4	0.06905	0.0	2.18	0.0	0.458	7.147	54.2	6.0622	3.0	222.0	18.7	396.90	5.33	36.2
...	...	...	...	...	...	...	...	...	...	...	...	...	...	...
501	0.06263	0.0	11.93	0.0	0.573	6.593	69.1	2.4786	1.0	273.0	21.0	391.99	9.67	22.4
502	0.04527	0.0	11.93	0.0	0.573	6.120	76.7	2.2875	1.0	273.0	21.0	396.90	9.08	20.6
503	0.06076	0.0	11.93	0.0	0.573	6.976	91.0	2.1675	1.0	273.0	21.0	396.90	5.64	23.9
504	0.10959	0.0	11.93	0.0	0.573	6.794	89.3	2.3889	1.0	273.0	21.0	393.45	6.48	22.0
505	0.04741	0.0	11.93	0.0	0.573	6.030	80.8	2.5050	1.0	273.0	21.0	396.90	7.88	11.9

506 rows × 14 columns

回帰

モデル = LinearRegression()　← モデル名は lr など

モデル .fit（説明変数 x、目的変数 y）

データを読み込み、Matplotlib を使って表示をします。

In [1]: ▶
```
from sklearn.datasets import load_boston
import pandas as pd
import matplotlib.pyplot as plt
from sklearn.linear_model import LinearRegression

boston = load_boston()

boston_df = pd.DataFrame(boston.data, columns = boston.feature_names)
boston_df['MEDV'] = boston.target

lr = LinearRegression()

X = boston_df[['RM']].values
Y = boston_df['MEDV'].values

lr.fit(X, Y)

plt.scatter(X, Y, color = 'blue')
plt.plot(X, lr.predict(X), color = 'red')

plt.show()
```

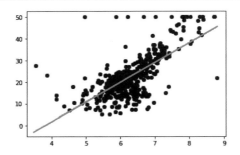

　前頁の通りボストン住宅価格のデータセットにはいろいろなデータが含まれています。今回は部屋数（RM）を使って住宅価格の中央値（MEDV：Median value）を予測します。この図では x 軸の方向に部屋数（RM）が、y 軸の方向に住宅価格（MEDV：Median value）の値が表示されています。デー

タを見ると、部屋数（RM）の値が増えると、住宅価格（MEDV：Median value）も増える相関関係が見られるので、機械学習のモデルに学習させます。

　この図の中に学習の内容が書かれています。点が実データで、直線が学習した結果です。先ほどの分類の問題と同じように、まずは scikit-learn でアルゴリズムを準備します。ここでは単回帰というアルゴリズムを使いますので、LinearRegression を準備します。

　fit 関数に RM（部屋数）と MEDV（住宅価格）の2つの値を渡すことで、単回帰のモデルが学習します。学習が終わると、predict 関数で学習した結果を示すことができます。

　plt.scatter で実データを散布図として表示し、plt.plot で予想した結果を回帰直線として表示しています。scikit-learn では、この他にも様々な機械学習のモデルが使えるようになっています。

章末問題

問題 1　NumPy を用いて、下記の 3 行 3 列の行列を生成する場合、正しい記述を選択肢より選べ。

$$\begin{pmatrix} 1 & 2 & 3 \\ 4 & 5 & 6 \\ 7 & 8 & 9 \end{pmatrix}$$

1　np. array([[1, 4, 7]、[2, 5, 8]、[3, 6, 9]])
2　np. array([3, 3]、[1, 4, 7, 2, 5, 3, 3, 6, 9])
3　np. array([[1, 2, 3]、[4, 5, 6]、[7, 8, 9]])
4　np. array([3, 3]、[1, 2, 3, 4, 5, 6, 7, 8, 9])

解　説　1 列ずつ見ると

```
(1  2  3)─→1行目：[1, 2, 3]  ⎫
(4  5  6)─→2行目：[4, 5, 6]  ⎬ [[1, 2, 3]、[4, 5, 6]、[7, 8, 9]]
(7  8  9)─→3行目：[7, 8, 9]  ⎭  (1行目) (2行目) (3行目)
```

より、1 行目の [1, 2, 3]、2 行目の [4, 5, 6]、3 行目の [7, 8, 9] を配列 [ ] で囲み np. array ([[1, 2, 3]、[4, 5, 6] , [7, 8, 9]]) より、<u>正答は 3</u> です。

実際、プログラムを組むと

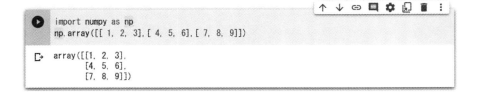

314

です。選択肢の2と4は表示できませんが、選択肢1は次の通りです。

$$\begin{pmatrix} 1 & 4 & 7 \\ 2 & 5 & 8 \\ 3 & 6 & 9 \end{pmatrix}$$

問題2 【図1】は NumPy を用いた行列の掛け算、アダマール積のプログラムである。空欄（ア）、（イ）に当てはまる選択肢を選べ。

【図1】

```
In [3]:  ▶| import numpy as np

         x = np.array([[ 1, 2],[ 3, 4]])
         x

Out[3]: array([[1, 2],
               [3, 4]])
```

```
In [5]:  ▶| w = np.array([[ 5, 6,],[ 7, 8]])
         w

Out[5]: array([[5, 6],
               [7, 8]])
```

```
In [6]:  ▶| x （ア）

Out[6]: array([[19, 22],
               [43, 50]])
```

```
In [7]:  ▶| x （イ）

Out[7]: array([[ 5, 12],
               [21, 32]])
```

　　1　.mod(w)　　　2　.multiply(w)　　　3　.dot(w)　　　4　*w

解　説　行列の積とアダマール積を計算します。

$x = np.array([[1, 2],[3, 4]])$ より、$x = \begin{pmatrix} 1 & 2 \\ 3 & 4 \end{pmatrix}$

$w = np.array([[5, 6,],[7, 8]])$ より、$w = \begin{pmatrix} 5 & 6 \\ 7 & 8 \end{pmatrix}$

行列の積 $xw = \begin{pmatrix} 1 & 2 \\ 3 & 4 \end{pmatrix}\begin{pmatrix} 5 & 6 \\ 7 & 8 \end{pmatrix} = \begin{pmatrix} 1\times5+2\times7 & 1\times6+2\times8 \\ 3\times5+4\times7 & 3\times6+4\times8 \end{pmatrix} = \begin{pmatrix} 19 & 22 \\ 43 & 50 \end{pmatrix}$

アダマール積 $\begin{pmatrix} 1 & 2 \\ 3 & 4 \end{pmatrix} \odot \begin{pmatrix} 5 & 6 \\ 7 & 8 \end{pmatrix} = \begin{pmatrix} 1\times5 & 2\times6 \\ 3\times7 & 4\times8 \end{pmatrix} = \begin{pmatrix} 5 & 12 \\ 21 & 32 \end{pmatrix}$

よって、 （ア） は行列の積、 （イ） はアダマール積なので

（ア）：x.dot（w）から正答は 3、 （イ）：*w から正答は 4。

Python3.5 以降であれば、 （ア） は @w も正解です。

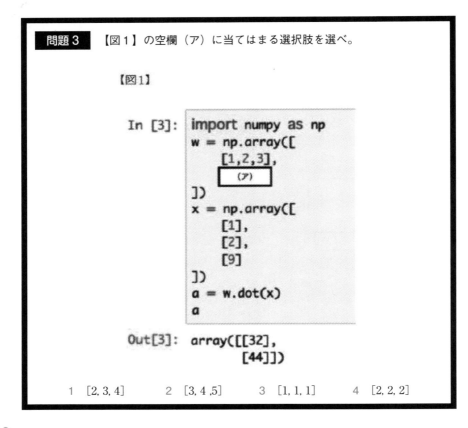

問題3　【図1】の空欄（ア）に当てはまる選択肢を選べ。

【図1】

In [3]:
```
import numpy as np
w = np.array([
    [1,2,3],
    (ア)
])
x = np.array([
    [1],
    [2],
    [9]
])
a = w.dot(x)
a
```

Out[3]: array([[32],
              [44]])

1　[2, 3, 4]　　　2　[3, 4 ,5]　　　3　[1, 1, 1]　　　4　[2, 2, 2]

解　説　最終行の1つ前が $a = \mathrm{w.dot}(\mathrm{x})$ となっているので、行列 w と行列 x の積 wx の計算です。実際に行列を表し、選択肢を利用して計算します。まず

```
w = np.array([
    [1,2,3],
    (ア)
])
```
より、$w = \begin{pmatrix} 1 & 2 & 3 \\ \boxed{(ア)} \end{pmatrix}$

```
x = np.array([
    [1],
    [2],
    [9]
])
```
より、$x = \begin{pmatrix} 1 \\ 2 \\ 9 \end{pmatrix}$

```
Out[3]: array([[32],
               [44]])
```
より $\begin{pmatrix} 32 \\ 44 \end{pmatrix}$ となるものを探します。

です。選択肢を検証していくと

1. $[2, 3, 4]$ から $w = \begin{pmatrix} 1 & 2 & 3 \\ 2 & 3 & 4 \end{pmatrix}$ なので

$$wx = \begin{pmatrix} 1 & 2 & 3 \\ 2 & 3 & 4 \end{pmatrix} \begin{pmatrix} 1 \\ 2 \\ 9 \end{pmatrix} = \begin{pmatrix} 1 \times 1 + 2 \times 2 + 3 \times 9 \\ 2 \times 1 + 3 \times 2 + 4 \times 9 \end{pmatrix} = \begin{pmatrix} 32 \\ 44 \end{pmatrix}$$

と、$\begin{pmatrix} 32 \\ 44 \end{pmatrix}$ になったので、<u>正答は 1</u> です。

2. $[3, 4, 5]$ から $w = \begin{pmatrix} 1 & 2 & 3 \\ 3 & 4 & 5 \end{pmatrix}$ なので

$$wx = \begin{pmatrix} 1 & 2 & 3 \\ 3 & 4 & 5 \end{pmatrix} \begin{pmatrix} 1 \\ 2 \\ 9 \end{pmatrix} = \begin{pmatrix} 1 \times 1 + 2 \times 2 + 3 \times 9 \\ 3 \times 1 + 4 \times 2 + 5 \times 9 \end{pmatrix} = \begin{pmatrix} 32 \\ 56 \end{pmatrix}$$

3. $[1, 1, 1]$ から $w = \begin{pmatrix} 1 & 2 & 3 \\ 1 & 1 & 1 \end{pmatrix}$ なので

$$wx = \begin{pmatrix} 1 & 2 & 3 \\ 1 & 1 & 1 \end{pmatrix} \begin{pmatrix} 1 \\ 2 \\ 9 \end{pmatrix} = \begin{pmatrix} 1 \times 1 + 2 \times 2 + 3 \times 9 \\ 1 \times 1 + 1 \times 2 + 1 \times 9 \end{pmatrix} = \begin{pmatrix} 32 \\ 12 \end{pmatrix}$$

4. $[2, 2, 2]$ から $w = \begin{pmatrix} 1 & 2 & 3 \\ 2 & 2 & 2 \end{pmatrix}$ なので

$$\mathrm{wx} = \begin{pmatrix} 1 & 2 & 3 \\ 2 & 2 & 2 \end{pmatrix} \begin{pmatrix} 1 \\ 2 \\ 9 \end{pmatrix} = \begin{pmatrix} 1 \times 1 + 2 \times 2 + 3 \times 9 \\ 2 \times 1 + 2 \times 2 + 2 \times 9 \end{pmatrix} = \begin{pmatrix} 32 \\ 24 \end{pmatrix}$$

問題4　【図1】は、2つのSeriesデータを結合して新たなデータを作っている。空欄（ア）、（イ）に当てはまる選択肢を選べ。

空欄（ア）

1　pd.cat（[s, s2], axis＝1）
2　pd.concat（[s, s2], axis＝1）
3　pd.melt（[s, s2], axis＝1）
4　pd.merge（[s, s2], axis＝1）

空欄（イ）

1　DataFrame　　　2　Series　　　3　Panel　　　4　ndarry

【図1】

```
In [1]: import pandas as pd
        s = pd.Series([3,2,3,2,2])
        s2 = pd.Series([2,4,6,8,10])
        s

Out[1]: 0    3
        1    2
        2    3
        3    2
        4    2
        dtype: int64

In [2]: s2

Out[2]: 0    2
        1    4
        2    6
        3    8
        4    10
        dtype: int64
```

```
In [3]: df =        （ア）
        df

Out[3]:      0   1
        0    3   2
        1    2   4
        2    3   6
        3    2   8
        4    2   10

In [4]: type(df)

Out[4]: pandas.core.frame.        （イ）
```

解　説　行方向に連結する場合は「concat」を用います。
よって（ア）に入る選択肢は、pd.concat（[s, s2], axis＝1）なので、正答は 2。

　s＝pd.Series（[3, 2, 3, 2, 2]）、s2＝pd.Series（[2, 4, 6, 8, 10]）とあるように
Series の s と Series の s2 が結合され 2 行のデータ（DataFrame）となったので、（イ）
は DataFrame が入ります。よって、正答は 1。

　もちろん s や s2 は Series なので、type（s）や type（s2）とすると、
「pandas.core.series.Series」となります。

問題5　【図1】は、機械学習を行うためにサンプルデータを作成し、そ
のデータを Matplotlib でグラフに書き起こした図である。空欄（ア）に当ては
まる選択肢を選べ。

　　1　plt.bar　　　　2　plt.plot　　　3　plt.scatter　　　4　plt.hist

【図1】

```
In [11]:  import matplotlib.pyplot as plt
          import numpy as np
          from sklearn.model_selection import train_test_split as tts
          def f(x):
              return np.sin(2*np.pi*x)
          sin_x = np.linspace(0,1,100)
          x = np.random.rand(100)[:, np.newaxis]
          y = f(x) + np.random.rand(100)[:,np.newaxis] - 0.5
          x_train, x_test, y_train, y_test = tts(x,y)
          (ア) (sin_x, f(sin_x),':')

Out[11]:  [<matplotlib.lines.Line2D at 0x11c9cb240>]
```

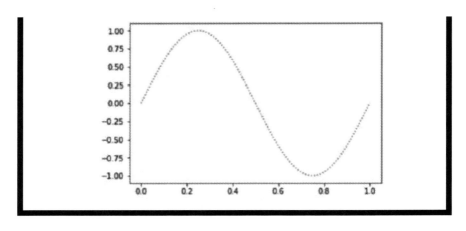

解　説　plot 関数で描いているので、正答は 2 です。

問題6　【図1】は、機械学習を行うためにサンプルデータを作成し、そのデータを Matplotlib でグラフに書き起こした図である。空欄（ア）に当てはまる選択肢を選べ。

  1　plt.bar   2　plt.plot   3　plt.scatter   4　plt.hist

【図1】

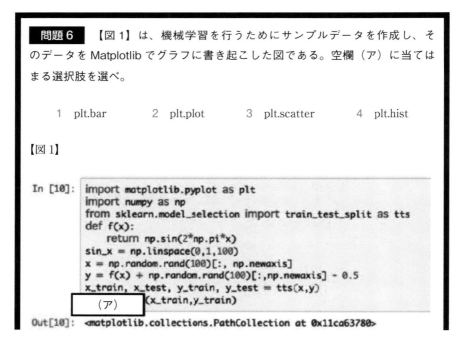

```
In [10]:  import matplotlib.pyplot as plt
          import numpy as np
          from sklearn.model_selection import train_test_split as tts
          def f(x):
              return np.sin(2*np.pi*x)
          sin_x = np.linspace(0,1,100)
          x = np.random.rand(100)[:, np.newaxis]
          y = f(x) + np.random.rand(100)[:,np.newaxis] - 0.5
          x_train, x_test, y_train, y_test = tts(x,y)
              (ア)        (x_train,y_train)
Out[10]:  <matplotlib.collections.PathCollection at 0x11ca63780>
```

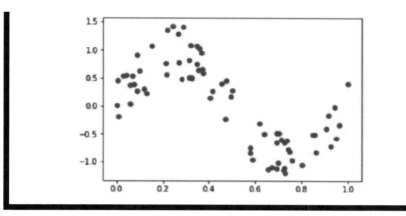

解説 散布図（plt.scatter）なので、正答3です。

問題7 【図1】は、Pandasモジュールの DataFrame を作成し、欠損値が含まれるレコードを削除している。空欄（ア）、（イ）に当てはまる選択肢を選べ。

1 data.set_index()
2 data.resample()
3 data.dropna()
4 data.isna()

【図1】

```
In [3]: import pandas as pd
        import numpy as np
        data = pd.DataFrame({
            "col1": [1, 2, None, np.nan],
            "col2": [1.2, 2.3, None, np.nan],
            "col3": ['aaa', 'bbb', None, np.nan],
        })
        data
```

Out[3]:

	col1	col2	col3
0	1.0	1.2	aaa
1	2.0	2.3	bbb
2	NaN	NaN	None
3	NaN	NaN	NaN

In [4]: （ア）

Out[4]:

	col1	col2	col3
0	False	False	False
1	False	False	False
2	True	True	True
3	True	True	True

In [5]: （イ）

Out[5]:

	col1	col2	col3
0	1.0	1.2	aaa
1	2.0	2.3	bbb

　空欄（ア）の前後を見ると

　　欠損値を True：isna()、欠損値を False：notna()。

本問は、欠損値が True となるので、data.isna() です。よって、<u>正答は 4</u>。

元データと処理済みのデータを比較すると

欠損値が削除されています。欠損値の削除は dropna() なので data.dropna() です。

　　よって、<u>正答は 3</u>。

問題 8　下記は、2 つの Series データを結合して新たにデータを作っている図である。空欄（ア）～（エ）に当てはまる選択肢を選べ。

空欄（ア）（イ）（エ）
　　1　Series　　　　2　DataFrame　　　3　Panel　　　　4　ndarray

空欄（ウ）
　　1　concat　　　2　sum　　　　3　fillna　　　4　mean

```
In [1]:  ▶  import pandas as pd
            s=pd.Series([1,2,3,4,5])
            s2=pd.Series([10,20,30,40,50])
            s

Out[1]:  0    1
         1    2
         2    3
         3    4
         4    5
         dtype: int64
```

```
In [5]:  ▶  type(s)

Out[5]:  pandas.core.series. (ア)
```

```
In [2]:  ▶  s2

Out[2]:  0    10
         1    20
         2    30
         3    40
         4    50
         dtype: int64
```

```
In [6]:  ▶  type(s2)

Out[6]:  pandas.core.series. (イ)
```

```
In [3]:  ▶  df=pd. (ウ) ([s,s2],axis=1)
            df

Out[3]:
              0   1
         0    1   10
         1    2   20
         2    3   30
         3    4   40
         4    5   50
```

```
In [4]:  ▶  type(df)

Out[4]:  pandas.core.frame. (エ)
```

　（ア）（イ）　ともに Sereis なので正答は 1。

（ウ）　Sereis のデータと Sereis のデータを結合（concatenation）するので「df＝pd.concat（[s, s2], axis＝1）」より、正答は 1。

（エ）　Sereis のデータと Sereis のデータを結合（concatenation）するとデータの型は DataFrame となるので、正答は 2。

問題 9　MNIST は、機械学習でよく使用されるデータセットであり、手書き数字の画像と正解の数字を格納し NumPy の ndarray 型のデータである。

【図 1】は、NumPy の基本的なコマンドで MNIST の情報について調べたものである。空欄（ア）～（エ）に当てはまる選択肢を選べ。

1　1　　　　2　2　　　　3　3　　　　4　4

【図 1】

```
In [9]:  import numpy as np
         from keras.datasets import mnist
         (x_train, y_train), (x_test, y_test) = mnist.load_data()
         x_train.shape

Out[9]:  (60000, 28, 28)

In [10]: x_train.ndim
Out[10]:  (ア)
```

```
In  [11] : y_train.shape
Out [11] :  (60000,)
In  [12] : y_train.ndim
Out [12] :  (イ)
In  [13] : x_test.shape
Out [13] :  (10000, 28, 28)
In  [14] : y_test.shape
Out [14] :  (10000,)
In  [15] : x_test.ndim
Out [15] :  (ウ)
In  [16] : y_test.ndim
Out [16] :  (エ)
```

解　説　（ア）直前が x_train. ndim より x_train の次元が問われています。x_train の shape が（60000, 28, 28）より 3 次元から<u>正答は 3</u>。（60000, 28, 28）より、28×28 の配列が 60000 あることがわかります。

この 60000 枚は、x_train つまり訓練用データを表しています。

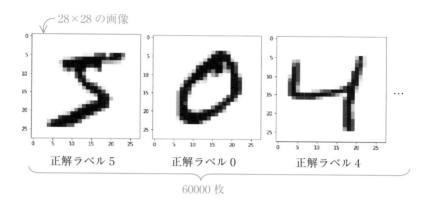

28×28 の画像

正解ラベル 5　　　　　　正解ラベル 0　　　　　　正解ラベル 4

60000 枚

（イ）直前が y_train. ndim より y_train の次元が問われています。y_train の shape が（60000, ）より、1 次元から<u>正答は 1</u>。

（60000, ）は、上記の訓練用データの正解ラベルが 60000 あることを表しています。

（ウ）直前が x_test. ndim より x_test の次元が問われています。x_test の shape が（10000, 28, 28）より、3 次元から<u>正答は 3</u>。

（10000, 28, 28）より、28×28 の配列が 10000 あることがわかります。

この 10000 枚は、x_train つまりテスト用データを表しています。

（エ）直前が y_test. ndim より y_test の次元が問われています。y_test の shape が（10000, ）より、1 次元から<u>正答は 1</u>。

（10000, ）は、上記のテスト用データの正解ラベルが 60000 あることを表しています。

問題 10　下図は、scikit-learn を利用して、サポートベクターマシンによる教師あり学習を行っている図である。空欄（ア）～（ウ）に当てはまる選択肢を選べ。

空欄（ア）

1　SVM　　　　2　svm　　　　3　SVC　　　　4　svc

空欄 （イ）（ウ）

    1   fit（train_dataset, train_target）
    2   fit（test_dataset）
    3   predict（train_dataset, train_target）
    4   predict（test_dataset）

In [4]: ▶|
```
from sklearn import datasets
from sklearn import svm

digits = datasets.load_digits()
dataset = digits.data
target = digits.target
train_dataset = dataset[:-10]
train_target = target[:-10]
test_dataset = dataset[-10:]
test_target = target[-10:]

clf = svm.(ア)(gamma = 0.001, C = 100.)
clf = clf.            (イ)
```

In [5]: ▶| ```clf.   (ウ)```

    Out[5]: array([5, 4, 8, 8, 4, 9, 0, 8, 9, 8])

In [6]: ▶| ```test_target```

    Out[6]: array([5, 4, 8, 8, 4, 9, 0, 8, 9, 8])

解　説　（ア）サポートベクターマシンは、モデル＝svm.<u>SVC</u>（　）と記述するので、<u>正答は 3</u>。

（イ）データを fit 関数に渡しアルゴリズムを学習（train）させるので、fit（train_dataset, train_target）。よって、<u>正答は 1</u>。

（ウ）学習（train_dotaset, train_target）の結果を用いたデータ分類を predict 関数で行うので、<u>正答は 3</u>。

問題 11　　下図は、scikit-learn を利用して、クラスタ分析（K-Means 法を行っている図である。空欄（ア）～（ウ）に当てはまる選択肢を選べ。

空欄（ア）1　KMeans　　　　　2　KM　　　　3　Kmean　　　　4　kmean

空欄（イ）1　n_clusters＝1　　　　2　n_clusters＝2

　　　　　3　n_clusters＝3　　　　4　n_clusters＝4

空欄（ウ）1　fit（data）　　2　fits（data）　　3　fitting（data）　　4　fitted（data）

```
In [1]:    import matplotlib.pyplot as plt
           from sklearn import cluster
           from sklearn import datasets

           iris = datasets.load_iris()
           data = iris['data']


           model = cluster. (ア) (    (イ)    )
           model. (ウ)

           labels = model.labels_


           plt.figure(1)

           ldata = data[labels == 0]
           plt.scatter(ldata[:, 2], ldata[:, 3], color='green')

           ldata = data[labels == 1]
           plt.scatter(ldata[:, 2], ldata[:, 3], color='red')

           ldata = data[labels == 2]
           plt.scatter(ldata[:, 2], ldata[:, 3], color='blue')

           plt.xlabel(iris['feature_names'][2])
           plt.ylabel(iris['feature_names'][3])
           plt.show()
```

（ア）K-Means 法なので KMeans とします。よって正答は 1。

（イ）iris のデータセットは setosa, versicolor, vivginica の 3 つに分類するので、正答は 3。

（ウ）data を fit 関数に渡すので、fit(data)。よって、正答は 1。

問題 12　　下図は、機械学習でよく使用される iris データセットを seaborn で取り込み、グラフで可視化している図である。

空欄（ア）に当てはまる選択肢を選べ。

　　1　Series　　　　　2　DataFrame　　　　3　Panel　　　　4　ndarray

可視化された図（イ）～（エ）に当てはまる選択肢を選べ。

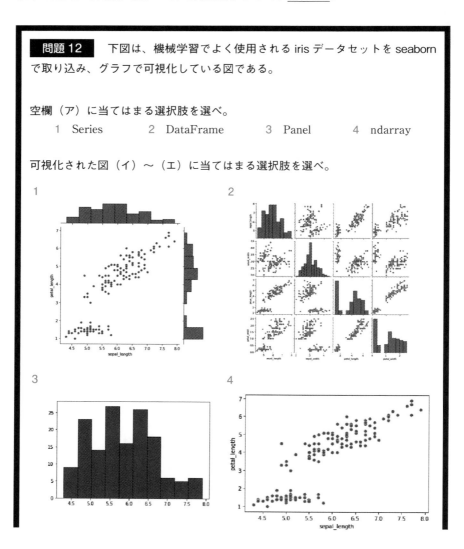

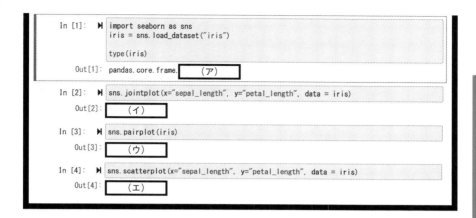

```
In [1]:  ▶  import seaborn as sns
             iris = sns.load_dataset("iris")

             type(iris)
Out[1]:     pandas.core.frame.  （ア）

In [2]:  ▶  sns.jointplot(x="sepal_length", y="petal_length", data = iris)
Out[2]:     （イ）

In [3]:  ▶  sns.pairplot(iris)
Out[3]:     （ウ）

In [4]:  ▶  sns.scatterplot(x="sepal_length", y="petal_length", data = iris)
Out[4]:     （エ）
```

3
プログラミング

解　説　（ア）iris のデータセットは

	sepal_length	sepal_width	petal_length	petal_width	species
0	5.1	3.5	1.4	0.2	setosa
1	4.9	3.0	1.4	0.2	setosa

と続く DataFrame なので、正答は 2。

（イ）散布図とヒストグラムを合わせた図は jointplot なので、正答は 1。

（ウ）ペアプロット図（pairplot）なので、正答は 2。

（エ）散布図（scatterplot）なので、正答は 4。

索　引

■ 著者略歴

佐々木　淳　（ささき　じゅん）

1980 年宮城県生まれ
公立大学法人下関市立大学　准教授
元防衛省 海上自衛隊 小月教育航空隊　数学教官
東京理科大学理学部第一部数学科卒業
東北大学大学院理学研究科数学専攻修了
日本数学検定協会「実用数学技能検定（数検）」1 級
iML 国際算数・数学能力検定協会「算数・数学思考力検定」1 級
G 検定（JDLA Deep Learning For GENERAL 2020#2）
AI 実装検定（A 級及び B 級）取得

■ 監修者

AI 実装検定実行委員会

委員長：真田 雄一朗
（株式会社 EQUATION　代表取締役）

・イラスト：たぬきデザイン

AI実装検定　公式テキスト　—A級—

2022 年 6 月 3 日　初版第 1 刷発行

■ 著　　者———佐々木淳
■ 監 修 者———AI 実装検定実行委員会
■ 発 行 者———佐藤　守
■ 発 行 所———株式会社 大学教育出版
　　　　　　　〒 700-0953　岡山市南区西市 855-4
　　　　　　　電話（086）244-1268　FAX（086）246-0294
■ 印刷製本———株式会社シナノ

ISBN978－4－86692－174－7